できるだけがんばります。

鈴木けんぞう
Suzuki Kenzo

KADOKAWA

はじめに

ある日、ＫＡＤＯＫＡＷＡの編集者を名乗る人間からメールが来た。私のもとにはこういった怪しげな連絡がよく来る。有名人や企業を騙るメールはその筆頭である。

この間は某元人気アイドルグループのリーダーから、メル友になってほしいという旨の連絡が来た。このグループのメンバーからのメールはすでにコンプリート済みなので、これは恐らく偽物だ。一人目の彼は他のメンバーと間違えて私にメールを送ってきた。週刊誌の不仲説はガセだったんだ！　と安心したものである。

最近も新しいアイドルグループからメールをもらったばかりだった。しかし流行に疎い私にはこのアイドルが分からず、私のやっているゲームのチャットグループか何かだと思い、危うく返信するところだった。

とにかく今回も迷惑メールの類だろうと思い、ＫＡＤＯＫＡＷＡ編集者のメールにぼんやりと目を通した。送り主のアドレスにＫＡＤＯＫＡＷＡと入っている。メールは本物であった。しかし内容を読んでみると、その編集者は私にエッセイを書いてほしいらしかった。意味が分からない。

メル友の誘いの方がまだ理解できる。なぜ私なのか。

私の仕事は動画投稿だ。ＹｏｕＴｕｂｅｒというやつである。よくニュース番組で迷惑系とか暴露系などと言われているあれだ。

エッセイとは筆者の体験などをもとに、それに対する感想や思想をまとめた散文のことである。今Ｇｏｏｇｌｅで調べたので間違いない。ゲームをプレイした動画を上げて飯を食っている男の思想なんて誰が読みたいのか。とりあえず私はこの編集者から話を聞いてみることにした。

編集者が言うにはどうやら、ＹｏｕＴｕｂｅｒのエッセイ本というのは最近の流行らしく、中には数万部売れているようなものもあるということだった。なんということだ。私はまた世間に取り残されていたのだ。編集者は私の動画や配信のことを褒めてくれ、ぜひ鈴木さんの書く本が読みたい！　みんなに読んでほしいんです！　と言ってくれた。すっかりその気になった私は、すでに文豪にでもなったような気分でエッセイ本について調べてみた。

一つ気になる記事があった。

〝面白いエッセイは性格が悪くなければ書けない〟

物事を斜めから眺める目線を持った人間の方が、切り口の新しい文章を書けるということらしい。


私は今日、コンビニの募金箱に財布の一円玉を全て突っ込んだばかりだった。そして商品を受け取るときにも「ありがとうございます」ときちんと目を見て発声したのだった。

そうだったのか。残念だが私にはエッセイは書けそうにない。大変申し訳ないが、今回は断りのメッセージをそれはそれは丁寧な文章で書いて送ろう。手紙を一筆したためてもいいだろう。封蠟《ふうろう》で閉じて送れば紳士的だろうか。そう思いメールフォルダを開いたところ編集者から、参考までにとＹｏｕＴｕｂｅｒのエッセイ本のリストが送られてきていた。何冊か自宅まで送りましょうかと聞かれたが、電子書籍派なのでと断っていたのだった。一冊も読まずに断るのはさすがに忍びない。数冊のＹｏｕＴｕｂｅｒのエッセイを電子版で購入し、読んでみることにした。

想像していたエッセイとは少し違い、自伝的な内容のものがほとんどだったが、私自身がYouTuberであるため、同業者の考えていることやモノの見方などは確かに興味深かった。彼らのファンなら手に取って読んでみたいと思うのも頷ける。


しかしこの数冊のうちの一冊に、私は大変な衝撃を受けた。違和感のある文章、何の意味があるのか分からない章立て、私にはまったく刺さらないユーモアの数々。そのうえどうやらこの本は数万部売れているというのだ。図書館に置いている学校もあるらしい。そして私もこの本に千数百円支払った一人なのだ。


こんなことなら電子書籍派なんて格好つけずに無料で送ってもらえばよかった。大体私が普段電子書籍で買うものなんてエロ漫画くらいのものである。ネットはこのYouTuberのファンであろう人達の絶賛レビューで溢れていた。

「娘が読みたがっていたので買いました。☆5」

一体何が☆5なのか。このレビュアーはFANZAのAVソムリエ達のレビューを参考にすべきである。

全く興味のないＹｏｕＴｕｂｅｒのエッセイ本を何冊も購入し、数千円も支払ってしまった。私は奨学金の返済やら税金やらでヒイヒイ言っているというのに、他のＹｏｕＴｕｂｅｒが悠々自適な生活を自慢するだけの文章に数千円。彼らの懐《ふところ》はこれでさらに温まることだろう。どれだけ嘆いてもこの数千円は帰ってこない。今となっては募金箱に突っ込んだ一円さえも惜しい。この数千円でエロ漫画を数冊買えばよかった。ＦＡＮＺＡのセール中なら四、五冊は買えた額だ。

私はどうしてもこの数千円を取り返さなければならない。編集者へエッセイ快諾のメールをタイピングしながら、脳内ではネット記事の言葉を反芻《はんすう》していた。


私は性格が悪かった。

第1章

できるだけがんばります。

第 2 章

急転直下、紆余曲折

第3章

ありのままの日々

第4章

1/4096を求めて

ブックデザイン　喜來詩織（エントツ）
カバーイラスト　水谷恵
本文イラスト　水谷恵，鈴木けんぞう
DTP　三光デジプロ
校正　鷗来堂
撮影　横山マサト
編集協力　深谷恵美
編集　鈴木菜々子（KADOKAWA）

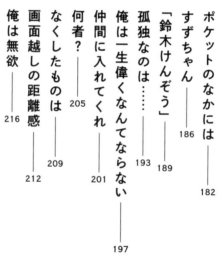

第1章

できるだけ
がんばります。

鈴木けんぞうと申します。

私は動画投稿で生活している。ひとくちに動画投稿といってもジャンルは様々だが、私がやっているのはゲームだ。

対戦が強いわけでも話が上手いわけでもない。ゲーム機を十数台同時に操作して、レアなアイテムやキャラクターをより効率よく大量に集めコレクションするという趣旨の動画を投稿している。買い物をする動画で人気を博している人がいるように、ゲーム内とはいえコレクターに興味を持ってくれる人が一定数いるのだ。

レアなアイテムなどを集める都合上、私の投稿する動画は作るのに時間がかかるものが多い。今作っている動画だと、レアキャラクターを集めるのに四百時間かかった。これでやっと一本の動画である。このような作業を繰り返して動画を作っているため、私のもとにはよく、どうやってモチベーションを保っているのか、といった旨の質問が届く。

いい機会なのでここで私のモチベーションの秘密を明かそうと思う。はっきりいって私はこのような動画の作業が楽しくて仕方がないのだ。アクションゲームならこうはいかないだろうが、私が遊んでいるのはポケモンだ。ターン性ＲＰＧであれば多少のよそ見など何の問題もない。レアなアイテムを探してゲーム内をうろうろしながら、現実の私は映画やドラマを見ている。ながら作業だ。これが長引けば長引くほど動画にしてまとめた時になぜか褒められるのだ。

「こんなに時間がかかることを成し遂げるなんてすごい！」「気が遠くなるほどの作業をよくできるものだ！」と。

私はただ椅子に座ってコントローラーを握りながら、ボタンをカチカチして映画を楽しんでいるだけだ。何もやる気が起きない時などは、とりあえずパソコンの前に座って作業をする。何も考えていなくても成立する。ただの単純作業だ。毎日十数時間くらいの作業をすれば、とりあえず仕事をした気になれる。

今この文章を考えている方がよっぽど大変である。何を書くか、どう書けば伝わるかを考えながらタイピングしなければならない。非常に面倒だ。何も考えたくない。

毎日十二時間作業をするよりも、二時間の執筆作業の方がよっぽど頭が痛いものだ。映画を観ることができ、ほしかった珍しいキャラクターを手に入れ、褒められ、お小遣いまでもらえるのだ。素晴らしい世の中だ。生きていてよかった。

嘘だ。

こう思わないとやっていられない。毎日十二時間パソコンに向かってコントローラーを握り続け、いつ終わるかも分からない博打《ばくち》に興じるのは、精神衛生上とても良いとは言い難い。

私はかつて動画投稿サイトのゲーム動画を見るのが好きだったが、今は全く楽しめない。彼らの多くは毎日動画を投稿している。毎日褒められているのだ。なんということだ。羨ましい。私は何時間もかけてやっと一本の動画なのに。私も毎日褒められたい。毎日お小遣いをもらいたい。こういった邪《よこしま》な思いが邪魔をして、ＹｏｕＴｕｂｅｒの動画を素直に見ることができなくなった。

ゲーム系の動画投稿者は大勢いるが、その多くが対戦に長けた者だ。近年ではゲームでの対決が「eスポーツ」と呼ばれ、競技として市民権を獲得し始めている。競技としてのゲームであれば、勝利すること、経験を積んで腕を磨くことがモチベーションになるのであろう。

私はただのコレクターだ。勝利も経験も全く関係ない。自分のモチベーションについて考えてみたが答えらしい答えは出なかった。ただポケモンと動画制作が好きだからやっているに過ぎない。

これも少し嘘だ。格好つけ過ぎた。ポケモンと動画制作が好きで生活費が必要だからやっています。

キャプテン

小学生の頃、ミニバスケットボール部に所属していた。それまでやっていた水泳を中耳炎のために辞めてしまい、母が代わりに何かやれと口うるさく言うので、仕方なく入部することとなった。私は肩幅が不気味に広いのだが、もしかするとこの幼少期の水泳が原因かもしれない。中耳炎だの肩幅の肥大化だの、水泳がろくなことのないスポーツに思えてきた。

水泳を辞めた時点で、本当は何もせずにダラダラ過ごしたかったのだが、私の母はなぜかやたら部活動を信仰していた。日に三回〜五回は部活をしろと言い、勉強しろなどとは十回くらい言っていた気がする。部活が信仰なら勉強は崇拝だろうか。私も負けじとぐうたらして過ごしていたが、とうとう耐えかねてバスケットをやってみることにした。

なぜバスケなのかというと、たまたまテレビで『スラムダンク』を放映していたからである。それ以上の理由はない。野球などは絶対に嫌だ。坊主は格好よくない。小学三年生の鈴木少年は、全てを格好いいかそうでないかで分類していた。バスケは格好いいグループだった。

大して興味もないが渋々見学に行くと、トントン拍子で入部手続きへと進んでいく。適当に見学して面白くなければ帰ろうと考えていた私は、幼心に大変焦っていた。しかし小学三年生でバスケットをやっている子は一人もいなかった。『スラムダンク』は世代じゃないのだ。同級生はみんな当時NHKで放映されていたアニメ、『メジャー』の方に夢中だった。イケてる男子のトレンドは野球だったのである。坊主が格好いいワケないのに。

知り合いさえいない部活なんて退屈に決まっている。一刻も早く帰りたかったのだが、顧問の先生が私に気付き、こっそり声を掛けてきた。同級生のいない今、入部すれば将来キャプテンの座を約束してくれるという。ひとまずは三年生の学年キャプテンをして、いずれは全体のキャプテンになっていくという話である。

たとえ小学生の部活動とはいえ社会の縮図、年功序列である。今ふんぞり返っている四〜六年生がいなくなった頃には全体のキャプテンは私。私の天下である。当然キャプテンは格好いいグループだ。私はまんまと入部することとなった。

バスケットは中学まで続けることになるのだが、キャプテンというなんともいい響きの肩書きは小学六年の途中まで続いた。キャプテンの仕事はこうだ。

一、挨拶の際の号令。

以上である。たったこれだけの仕事で肩書きがつくのだから安いものだ。六年生になる頃には部内に同級生もそこそこ増えていた。しかもキャプテンは私だ。先行者利益というやつである。『スラムダンク』を見ていて良かった。井上雄彦先生ありがとう。

しかし、ある日私はキャプテンを降ろされることとなる。小学六年生の五月頃、それまでみてくれていた顧問の先生がやめてしまい、父母会の中でバスケ経験のある人が監督をすることになったのだが、この新監督というのが私の一学年下のチームメイトの父親だった。新監督はどうやら、自分の息子世代を活躍させたかったらしい。そのためには私たち六年生は邪魔な存在というわけである。そういった事情もあり、新監督、新コーチは小学六年の鈴木少年が自覚できるほど、私のことをあまりよく思っていないようであった。理由は分からないが、私は昔から目上の人に可愛がられた経験に乏しい。常に力を抜くことに全力を注いでいるためだろうか。やらなくて済みそうな面倒ごとは可能な限り回避したい。あまり熱心ではなかった。まあ可愛くないだろう。

夏休みも終わりに近づいてきたある日、練習に行くと監督に呼び出された。チームを新体制にしたいのでキャプテンを降りてくれという話であった。国際社会を見習って我々も年功序列を廃止しようというのだ。許すまじ米国。私の悠々自適キャプテン生活は突然幕を下ろした。そしてなんとその日の練習が終わった後のミーティングでは、早速新キャプテンが発表されていた。特に執着もなかったため当時はなんとも思わなかったが、今になって考えると私はすさまじく嫌われていたのではないだろうか。

この一連の人事異動はPTAなどで問題となり、後に謝罪されたうえ監督らも交代となった。だが、私のキャプテンの座は戻ってくることはなかった。チームは本当に新体制となってしまった。家族以外の大人にこんなにきちんと謝罪されたのは初めてであった。

私はそれまで、大人は間違えないものだと思っていた。自分には良さが分からない映画やドラマだって、私が子どもだから面白くないだけであって、大人になれば良さが分かるはずだと考えていたのだが、実際に大人になってみると本当にどうしようもない創作物など幾らでもある。大人も間違えるのだということを学んだと同時に、間違いを開き直る心を手に入れてしまった出来事であった。

大人など間違いだらけだ。この愚本がいい例である。

大預言者鈴木

ノストラダムスの大予言というのを知っているだろうか。私はよく知らない。どうやらノストラダムスとかいうヤツが、世紀末に世界が終わるという予言をしたらしい。全く迷惑な話だ。もっと台風情報とかを予言してほしかったものだが、こういった手合いは不安を煽るのが得意だ。きっと当時の少年達は将来に絶望していたことだろう。

それから十数年経ち、二〇一二年。中学生の私もまた、預言者に踊らされていた。マヤの予言である。マヤ文明で用いられていた暦が二〇一二年で一区切りされていることから、人類滅亡が連想された説だ。振り返って書いてみるとなんと信憑性の薄い説だろうか。しかし、当時のテレビではこれらの陰謀論を面白おかしく取り上げ、私のような純真無垢な中学生を誑《たぶら》かしたのだった。いや、今考えると高校受験を目前に控え、現実逃避的にこの予言に縋《すが》っていたのかもしれない。どうせ世界が滅亡するのなら、遊んで過ごした方が良いだろうと、毎日動画サイトばかり見ていたのだが、私の友人はもっと酷かった。登下校中は毎日のように世界滅亡を憂い、将来を悲観していた。

ある時、彼は私に仏像の雑誌を見せてきた。彼は普段から変わったプチブームに取り憑かれることがあったため、この仏像ブームがマヤの予言と関係していたのかは分からないが、私はこの時、数少ない友人が一人くだらないオカルト予言のせいで仏像に逃避してしまったと思い、その日からオカルトアンチになったのであった。

母親の本棚にテレビで有名な霊能力者の本が並んでいるのも気に入らなかった。オカルトとは関係ないがちょっとアレな感じの自己啓発本なんかもあった。なんというラインナップ。胡散臭いジャンルを網羅している。胡散臭アベンジャーズだ。玄関に置いてある謎の盛り塩も気に入らなかった。こう書いてみると私の母親はオカルトに傾倒し過ぎている気がする。変な壺とかを買ってないといいのだが。

こういった予言というのはなぜネガティブなものばかりなのか。もっと明るい話題やためになる情報を予言してくれてもいいのではなかろうか。やはりネガティブな話題の方が商売になるということなのだろうか。

これを書いている今、私の住んでいる地域は連日大雨に見舞われ、買い出しに行くのも一苦労なのだが、どうしてこの天気を予言しておいてくれなかったのだろう。大体最近の天気予報は全く当てにならない。リアルタイムで更新できるためか、予報を出しては修正しての繰り返しだ。最新の情報に更新できるのは良いことだが、なぜこうも精度が低いのだろうか。『バック・トゥ・ザ・フューチャー』の二〇一五年は分刻みで予報を的中させていたというのに、現実の二〇二二年は酷いものだ。


そもそもノストラダムスとは一体何者なのだろう。マヤ暦ってなんなんだ。なぜ私はこれほど何も知らないのにあんなに怯えていたのだろうか。私の母親はなぜ塩を盛っていたのか。何が不安だったのか。

なんにせよ大人がテレビで煽りさえすれば、男子中学生くらいなら簡単に怖がらせることが可能だということだ。よく分からない者の残したネガティブな予言が多くの人々に影響を与えることができる、これはすごい発明ではないだろうか。

ということで私もせっかくの書籍、ここに大量のネガティブ予言を残したいと思う。全国の中学生どもは震えて眠るが良い。

その一
二〇三〇年に空から恐怖の大王が降りてきて、人類は滅亡するだろう。
その二
万が一、予言その一が的中しなかった場合、二〇四〇年に恐怖の大王が降りてきて人類は滅亡するだろう。
その三
万が一、予言その二が的中しなかった場合は二〇五〇年に滅亡するだろう。
その四……

これで十年ごとに陰謀論者によって祭り上げられて、この本が売れ続けるという算段だ。
あるいはこっちの方がいいかもしれない。

その一

二〇二五年に鈴木けんぞう以外のＹｏｕＴｕｂｅｒは全員脱税で捕まり、引退するだろう。

その二

二〇二五年に鈴木けんぞう以外のＹｏｕＴｕｂｅｒは全員不倫がバレて炎上し、引退するだろう。

こっちの方がいい。ぜひお昼のワイドショーや都市伝説番組などで大々的に取り上げていただき、国税局と週刊誌にきっちり仕事をしてもらいたいと思う。

よろしくお願いします。

体罰選手権

ニュース番組を見ていると時々、教師による体罰が問題として取り上げられていることがある。

コメンテーターが言うには、世の中は体罰に厳しくなっているらしい。昭和の教育現場では学生はボコボコに殴られていたと言うのだ。恐ろしい時代である。

平成生まれでよかったと一瞬思ったが、立ち止まって振り返ってみると、私が学生の頃にも教師に殴られた経験くらいある。

こんな前置きをすると、何かとんでもないことをしでかしたのではないかと思われるかもしれない。喧嘩、タバコ、犯罪に手を染めていたのか。

どれも当てはまらない。確かに私の通っていた中学校は治安が悪く、タバコを吸っている学生なども数名いたが、私はそうではなかった。

友人とともに放課後、校舎内の落ち葉掃除を行い、教師に感心されたものだった。

そして集まった落ち葉の中から比較的綺麗なものを厳選して教室へ持ち帰り、細かく刻んでルーズリーフで巻き、擬似タバコを製造していたのだった。クラスの不良に試し吸いしてもらったが、美味しくはないということであった。フリスクの粉末を混ぜた物も用意したが、こちらの方がタバコの味に近いらしい。今になって思えば絶対に体に悪いのだが、男子中学生というのはどうしようもない生き物である。

殴られた理由に話を戻すが、私は当時部活動をしていた。バスケ部だった。競技自体は楽しくて好きだったが、部内の上下関係や、朝早すぎる練習などは本当に嫌いだった。私は部活をサボって校舎裏のフェンスを登り帰宅していたことを先輩に告げ口され、後日、顧問の先生に殴られたのであった。まさか殴られるとは思っておらず、教師の拳が顔に近づいてくると同時に「えっ」と声をあげたのを覚えている。

いつから体罰に厳しい世の中になったのだろう。私が中学生の頃にはすでに体罰をなくそうという動きがあった気がする。実は令和の中学生もかつての私と同じように、くだらない理由で殴られて「えっ」と呟いたりしているのだろうか。

私は入部当初からこの部活動そのものに対して懐疑的であった。中学生が何を生意気なと思うかもしれないが、中学生というのは一般的に生意気なものである。

なぜ朝の六時から先輩のボール拾いをするためだけに集まらなければならないのか。

こんな生意気な中学生に対して、社会に出てからの上下関係を学ぶための活動だと、ある教師が怒鳴った。

偶然同じ区域で育っただけ、一年早く生まれただけの鼻垂れ中学生のためになんの見返りがあって我々が尽くさなければならないのか。全く納得がいかなかった。そしてそれはきっと表情などに出ていたのだ。フェンスをよじ登り帰宅する私を発見した先輩は喜々として告げ口したに違いない。そして私は顧問に殴られた。

ジンジンと痛む頬をさすりながら、小学校から五年間続けたバスケを辞めることを固く決意したと同時に、自分が組織に向かない人間だということを思い知った。十四歳の私には大変な出来事であった。


しばらくすると隣の席の女の子に「鈴木君はバスケ部を辞めてから、女子の間で話題に上がらなくなったよ」と直接言われた。

なんて残酷な宣言だろうか。中学生の辞書にデリカシーなどという言葉は存在しないのだ。そうか、彼女らは私という人間ではなく、私の肩書きに興味があったのだ。中学校という狭い世界で、部活動をやらない人間など無職に等しい。

小学生女子に足の速い男子児童が人気なのは、足の速さを競う機会が多いからだろう。大衆の前で競争が行われ、目立った成績を残せるから人気なのだ。いくらテストでいい点を取っても、問題を解答している様子をみんなで取り囲んで眺めることはない。部活動も同じようなものだ。大衆の前で汗をかき競技に没頭する。女子中学生はそれを眺め、話題にするのだ。

運動会で行われる競技が、擬似タバコ生産競争なら、私にもチャンスはあったはずだ。誰よりも速く綺麗な落ち葉を集め、より細かく刻み、ルーズリーフで巻く。フリスクの粉末を混ぜ、タバコの味に近づける。足が速いだけ、運動神経がいいだけの視野の狭い同級生どもにはきっと、フリスクを混ぜるという発想はないはずだ。擬似タバコ選手権において運動神経など必要ない。この競技なら私が勝つ。

しかし現実はどうだろう。そんな馬鹿丸出しの競技は存在しないし、部活を辞めてからの私のことは、誰も興味がないという。

私の青春に色がつくことはないのだと悟った。

完全に暇を持て余した私は、二度と来ないこの中学生時代を記録に残そうと思い立ち、同じく暇を持て余している友人達と共に、仮面ライダーやウルトラマンをパロディにした特撮アクション動画を制作してインターネットに投稿し始めた。カメラは当時使っていた携帯ゲーム機の周辺機器だった。私の趣味は動画投稿になった。

キャベツが入っていたのであろう段ボールを青果店から譲ってもらい、ガムテープでぐるぐるに巻いてヒーロースーツを作った。あの頃私たちは毎日が文化祭準備だった。

二〇一〇年の話である。今でこそ動画投稿を生業としている人々が市民権を得ているが、当時はそんなもので稼げるなど誰も思っていなかった。

録画した特撮ヒーロー番組のカット割を参考にし、何本か動画を投稿したあたりで、動画にコメントが付くようになり、批判や中傷も経験した。同級生にからかわれることも増えた。今になって思えばなんてことない、ただの揚げ足取りのようなコメントだったが、中学生の私には酷く応えた。

やがて友人達の興味も別のことに移り始め、私は動画投稿を辞めた。動画を作ること自体は楽しかったが、ネットに投稿することをやめてしまった。中学の運動会に動画投稿選手権などという競技は存在しない。褒められるどころか中傷されるくらいならと、一人でひっそり動画を作り、自分だけで楽しむようになった。

以前、人気ＹｏｕＴｕｂｅｒがＭステに出演しているのを見た。私たちがあの頃動画投稿を辞めていなければ、もしかしたら人気が出てお金持ちになっていたかもしれない。タモリさんとトークをしていたかもしれない。

学校という狭い世界には存在しなかった動画投稿選手権が、現実の世界には存在した。擬似タバコ選手権もそうだ。現在は電子タバコなどという、いわばハイテク擬似タバコが大流行しているではないか。視野が狭いのは私の方だった。世界にはありとあらゆる選手権が存在している。

狭い世界で苦しんでいる学生達に、広い世界があることを知ってほしい。

我ながら、書いていてなんて素晴らしい文章なんだろうと思った。有意義な一節になった気がする。この本をぜひ全国の学校図書館に置いてほしい。そして読んでくれた学生に勇気を与えたい。広い世界があることを教えてあげたい。

教師にもぜひ読んでほしい。体罰選手権だけは存在しないことを教えてあげたい。

坊主の男

坊主の男が苦手だ。

中学時代、野球部の生徒にいじめられていた。ある日突然だったので今でも何がきっかけだったのか分からない。以降坊主の男に苦手意識がある。

というか野球部風の見た目が苦手だ。彼らはどうしてあんなに自信満々なのだろう。坊主なのに。どうしてあんなにモテるのだろう。坊主なのに。どうしてあんなに大きな声を出せるのだろう。坊主なのに。何を根拠にしてあんなに自信があるのか。坊主なのに。私も少しは見習いたいものである。

野球をやっている人の人間性は極端だ。ものすごく良いヤツか、信じられないほど嫌なヤツかの二択だ。少なくとも私の周囲はそうだった。

机の中身がぐちゃぐちゃにされていたり、私に聞こえるように陰口を叩かれたりした。

ある時は机がひっくり返されていた。仲の良い友人などは「お前何かしたの？」と心配してくれたが全く心当たりはない。中学二年の二月頃の話である。

もうすぐ学年が上がってクラスも変わるので、それまで様子を見ようということになり、なるべく野球部に近寄らないようにして過ごしたが、そこそこ怖い体験だった。トイレに行くにも絶対に友人を連れて行った。殴られたりするかもしれない。トイレは格好の殴られスポットだ。私は『ＲＯＯＫＩＥＳ』を読んでいるから詳しいんだ。しかしクラスが変わって彼らと離れてからは、いじめはピタリとなくなった。

成人してから、ＳＮＳでたまたま彼らのアカウントを見つけてしまった。幸せそうで気に入らない。まともな職に就かないでほしい。貯金とかしないでいてくれると嬉しい。絶対に彼らと同じ自治体に住みたくない。私の払った住民税が彼らのために使われることだけは避けたい。むしろ常に税金を過払いしていてほしい。

いじめの話を書くかどうかは迷った。あまり重たい話を書くつもりはない。実際私の中学時代から今でも交流のある友人達がいるし、いじめられていた当時もそれほど気にしていなかった。振り返って考えてみると結構なことをされていたなという感じだ。

今いじめを受けている学生達に、なんと言葉をかければ良いのか私には分からない。ただ、この本に辿り着くような学生は、幸せに暮らしていてほしいと心から思う。私の身内だけで構成された世界になればいい。


そういった事情で坊主が苦手なのだが、最近インターネットを徘徊していると、やたらとエロ漫画の広告が出てくる。主人公が坊主の友人に好きな子を寝取られるという内容のものだ。最悪だ。私はただインターネットを楽しく閲覧したいだけなのに、どうしてこんな目に遭わなければならないのか。

このエロ漫画はかなり人気があるらしく、至る所でこの広告を見かける。ゲームの情報サイトを見ていても、ネットショッピングをしていても、何をしても坊主がドヤ顔で寝取ってくる。嫌なインターネットだ。この坊主、許せない。闇金に手を出して痛い目を見てほしい。主人公は一体どうなってしまったのか、坊主はちゃんと痛い目を見たのか。気になって仕方がない。

私はギリギリと歯を食いしばりながら、やむなくこの漫画を購入した。中身を見てみると、意外と寝取られ感は薄く、貞操観念の低い若者達の話、という感じであった。良い買い物をした。しかしこれがいけなかった。ＡＩは学習してしまったのだ。これ以降私のインターネットはやたらと寝取られる話のエロ漫画をおすすめしてくるようになった。

中学時代は野球部にいじめられていた。今ではインターネットにいじめられている。ネット広告は恐ろしい。坊主のエロ漫画は国が規制してほしいと切に願う。平和な世界を実現したい。その一歩目が坊主の寝取られ漫画規制となるだろう。

節約高校生活

高校生の頃、私はとにかく暇だった。部活動にも入っていなければ、当時は趣味だった動画制作もほとんどやっていなかった。お金もないが、かといってアルバイトも面倒くさい。働きたくなどなかった。

友人に部活動もアルバイトもやっている者がいたが、当時の自堕落で怠惰な私にはとても真似できるとは思えず、心底尊敬していた。いや、今でも尊敬している。当時の自堕落で〜と書いたが今も変わらず自堕落である。この文章を書いている今も、本当なら動画編集をしなければならないはずである。それにメール返信やらなんやらの事務作業も大量に残っている。大変だがまあなんとかなるだろう。ならなければ謝ればいいのだ。私はそういう人間である。

暇を持て余していた高校時代であったが、お金はほしかった。働かずに使えるお金を増やそうと考えた時、高校生にできることといえば歩いて通学することくらいだ。行きはともかく帰りは歩くことにした。沖縄県民としては珍しいことだ。この島の人間は全く歩かない。

パチンコ屋の駐車場にこんなのぼりがあった。「駐車場から店内まで徒歩四十秒！　歩いて健康になろう！　沖縄県民！」タバコの煙とパチンコ台の爆音に満たされた空間で二、三時間座りっぱなしということを考えると、四十秒くらい歩いても何も変わらないのではないだろうか。とにかく、そんなのぼりが出るほどに沖縄県民は歩かないのだ。

そしてもう一点思いついたのが、昼食である。節約のため、毎日百円のメロンパンで済ませていたのだが、とうとうこの百円さえも惜しくなった私は、そこで、家庭菜園をすることにしたのである。家でやるのは照れ臭いため、クラスのベランダで友人ら数名とともに野菜を育てることにした。

今でこそ動画サイトを開けば家庭菜園について一から教えてくれる動画もあるだろうが、当時はそんな専門的な分野の動画投稿者というのは少なく、学生らしく図書室で本を借りて参考にした。周りに野菜を育てている人がいれば話は早いのだが、そんな人などいるはずもない。なぜならここは沖縄県だ。なんでも天ぷらにしてしまう県民性、釣りに明るい人はいても、野菜に詳しい高校生など私の周りにはいなかった。

大根と人参を育ててみたが、全く上手くいかず種代を無駄にしただけであった。失意の中、下校途中にあるホームセンターで、ネギが非常に育てやすいという情報を得た。やはり普段から歩くものだ。まさに自らの足で得た情報である。

ネギの苗を手に入れたはいいが、どこに植えれば良いのかが分からない。においが気になってしまうのだ。ベランダに植えるわけにはいかない。男子校なら構わず植えたが、女性はにおいに敏感だ。ただでさえ部活動にも所属せず毎日暇を持て余しているだけの、クラス内カーストの低い私の立場がなくなってしまう。

どうしたものかと考えながら登下校しているときに目についたのが、学校の校訓が彫られた記念碑だった。誰も気に留めないどころか近寄りさえしない。絶好のネギスポットだ。私は記念碑の隣にネギの苗を植え、様子を窺《うかが》った。ネギの成長スピードは凄まじく、ほとんど何もせず立派に育った。ネギは雑草によく似ており本当に誰も気に留めなかった。

このネギを収穫し、家から持ってきたＩＨクッキングヒーターでインスタントラーメンを作り、ネギをまぶして食べたのだった。結果としてメロンパンを食べた方が安上がりだった。

その後ネギがどうなったのかは知らない。もう十年近く経っているが、今も記念碑に寄り添うようにして逞《たくま》しく生えているのだろうか。それとも誰かに気づかれてしまったのだろうか。私の初めての家庭菜園体験であった。

こうして振り返ってみると、なんて健康的な高校生なのだろう。自らのことを自堕落で怠惰と自虐したが、案外そうではないかもしれない。明るく活発な高校時代ではないか。きっと真面目で誠実な大人に成長しているに違いない。公務員のような堅い仕事についているのだろうか、大企業でバリバリ働いているだろうか、あるいは起業でもしているのか。現実は世知辛いのだ。さて、今日は動画の作業と称してゲームをしながらネトフリでも見ることにしよう。

鈴木ボリビア旅行記〈前編〉

高校生の時、ボリビア旅行をした。ボリビアとはペルーの隣である。大体日本の裏側だ。ウユニ塩湖が有名な国だ。初めての海外旅行がボリビアだった。

私の叔母は船乗りをしているのだが、仕事だけでなくプライベートでもあちこち旅行に行っているらしく、ある時ボリビアに誘われた。海外どころか県外に出るのも面倒な私にとっては考えられない生活だ。家で寝ていたい。しかし話を聞くと旅費を全て出してくれるというのだ。千載一遇のチャンスだ。タダで海外に行けるなんてこんな機会はもうないだろう。ボリビアがどの辺なのかもよく分からないまま、私は二つ返事で了承した。

海外旅行など初めてなので何を持っていけばいいのか分からない。前日にやればいいやと楽観視していると、ギリギリになってパスポートを持っていないことに気づき、急いで取りに行く。人生初パスポートの写真は寝巻き姿になった。

日本からまずはアメリカのアトランタ空港へ向かう。飛行機に十二時間半揺られ、気持ちが悪い。とんでもないことになってしまった。今すぐ帰りたいがそんなことを言えるわけもない。しばらく休憩したら今度はペルー行きの飛行機に乗り継ぎだ。

せっかくアメリカに来たのだから何か買っていきたいと思い、空港内をウロウロした。これからペルーやボリビアへ行くというのに、アメリカ土産を買おうというのだ。我ながらなんとも愚かなガキである。当時はよく知りもしなかったバットマンのソフビ人形を十ドルも出して買い、満足して荷物に詰めたのであった。後日ヴィレッジヴァンガードで同じものを千二百円くらいで売っているのを見かけた。これ以上ないほどの無駄遣いだったが、二百円得したのでよしとした。私は自分に甘い。

アトランタからペルーへの飛行機は六時間半。行きだけで合計十九時間のフライトである。海外旅行とはこんなにも大変なのか。世の中のお金持ち達はなんと酔狂なことだろう。大人の趣味というのは大抵意味不明である。わざわざ高い山に登ったり、お寺を回ってスタンプを押して回ったり……。

高校生の私にはとても理解し難いものばかりであったが、まさか海外旅行もその一つだったとは。

疲れた体をひきずって、久しぶりの地上にテンションが上がる。明日も飛行機に乗るらしい。もう一生分乗った気がする。今度から旅行は新幹線で行ける範囲にしよう。旅費を出してもらっておいて生意気なことばかり考えつつ、眠った。


二日目は早速移動からであった。リマから小さい飛行機に乗って一時間ほどでクスコという街に着いた。ここは街全体の標高が高く、三千三百メートルもあるのだ。富士山の標高が三千七百メートル超なので、大体富士山の頂上付近で生活しているイメージだ。

向かう前から高山病に気をつけるよう散々言われていたが、気をつけてどうにかなるものではない。この日は吐き気と頭痛でとても動けず、ほとんど寝て過ごすことになってしまった。私一人なら叔母さんに申し訳ないが、叔母さんの方が具合が悪そうだったので気が楽だった。やはり大人の趣味というのは意味不明だ。甥っ子の分の旅費を払ってまでこんな大変な思いをしているのだからすごい。私もいつか、若者を連れて海外で横になる日が来るのだろうか。

高山病にはコカ茶が効くと言われており、街の至る所でコカ茶を売っていた。コカの葉は日本だと規制が厳しいのだが、さすが外国。これぞ海外旅行の醍醐味ではないか。温かいコカ茶をキメると確かに、多少具合が良くなった気がした。これから私たちは一体どんな食材に出会うのだろう。大麻茶やシャブ茶、ＭＤＭＡ茶なんてものもあるのだろうか。ちなみにコカのキャンディーなるものは見かけた。キャンディーにしてしまうとさすがに問題がありそうだ。

高山病でフラフラになりながら私たちはまずペルーの世界遺産、マチュピチュへ向かうバスに乗った。早朝六時頃だった。これは本当に目的地に向かっているのか、と疑うほどの山道。マチュピチュなんて私のような地理に疎い高校生ですら知っているレベルの世界遺産、観光地であるはずなのに、その道中は信じられないような山道。私たちはこれから山奥の館にでも連れて行かれて、お互いに殺し合うゲームに参加させられてしまうのではないか。そしてそれを大金持ち達が酒のつまみにするのだろう。そんな山道。

しかし私の空想は道中の霧とともに次第に晴れていった。辿り着いたのはまさしく観光地、入り口ゲートには警備員らしき人にたくさんの観光客。さすがにここで殺し合いというわけにはいかないだろう。警備員が有利すぎる。

私が胸を撫で下ろしていると、叔母さんに入り口へ引っ張られた。ゲートをくぐり石段を登ると、ドラマや映画で見たことのあるあのマチュピチュが一望できた。なんとも現実感のない景色だった。標高二千四百メートルの石の迷路はその周りを雲が囲う、まさに空中都市だ。こんなものを奢りで観光していいのか。私は一生叔母に頭が上がらないだろう。とにかくすごい景色だ。どこで写真を撮っても合成に見える。嘘のような本当写真を数十枚撮り、「合成みたいだぁ」とヘラヘラしながら歩き回ると、アルパカに遭遇した。ここは一体どうなっているんだ。日本と違いすぎる。標高二千四百メートルの石の迷路をアルパカがウロウロしている。刺激しないよう恐る恐るすれ違い、写真を撮る。やはり合成みたいだ。

私の後からやってきた白人は気安く触ろうとして唾を吐かれていた。聞けばこれがアルパカ流の威嚇《いかく》なのだそうだ。噛み付いたりしてこないだけ優しい威嚇である。そして唾を吐かれた白人は大喜びしていた。ここはSMクラブではない。標高二千四百メートルの世界遺産だ。大人が唾を吐かれて喜ぶ姿が見られるなんて、さすがは世界遺産。

それにしてもたくさんの観光客、人種も様々だが、彼らは一体どこから来た人達なのだろう。今この空間には一体何人の観光客がいて、いくつの国が混ざっているのだろう。文字を持たないアンデス文明の都市マチュピチュだが、そのアンデス文明が滅亡した今、ありとあらゆる言語が飛び交っている。不思議な空間だ。

オカルト番組などを見ていると、地縛霊というワードを耳にする。特定の土地や建物に執着し、その場に留まっている幽霊のことを地縛霊と呼ぶらしい。このマチュピチュにもいるのだろうか。人種がごった返している現状に彼らは何を思うのだろう。アルパカに唾を吐かれて喜んでいる、謎の言語を話す男。パシャパシャと写真を撮りながらヘラヘラしている男。我が物顔で歩き回るアルパカ。雲に囲まれた空中都市。巨大な石の迷路。私が死んだらここに執着することにしよう。

下山して翌日からのウユニ塩湖に備える。夜は街でアルパカ肉を食べた。申し訳ないような気持ちが作用してか、あまり美味しくは感じられなかった。

鈴木ボリビア旅行記〈後編〉

マチュピチュを降りてクスコからボリビアのラパスという町を目指し、夜行バスに乗ったのだが、このバスが本当に大変だった。十数時間狭いバスに揺られ、気持ち悪くなってきた頃に国境を跨いだ。一度バスを降りてパスポートを見せなければならないのだが、長蛇の列だった。警備員は大きな銃を携帯している。まさに外国だ。彼らにちょっかいを出せば命はないのだろう。武器には詳しくないが、少なくとも日本の警察が携帯しているものよりは確実に人を殺せそうな銃だ。そしてそんな銃を携帯した警備員同士がふざけてちょっかいを掛け合っているのだ。日本では考えられないだろう。怖すぎる。夜行バスの長旅も相まって余計に体調が悪くなった気がしてきた。

無事入国手続きを済ませてしばらく進むとホテルに辿り着いた。ようやく休める。ウユニ塩湖へはガイドがついてくれるらしい。ボリビアも変わらず標高は高い。すこぶる体調の悪い私をよそにガイドは「日の入りまでに迎えにくる」と言い残して帰っていった。ひょっとしてすでにデスゲームは始まっているのではなかろうか。少しずつ体力を奪いジワジワと殺そうとしているのか。しかしここで倒れては死んでも死にきれない。ウユニ塩湖で死んでやる。

夕方頃、ガイドが戻ってきた。しかしこの日はホテルから出なくて良いことになった。どうやら竜巻が発生しているらしい。ウユニ塩湖は『塩湖全体の高低差がわずか五十センチ以内という世界で最も平らな場所。雨が流れず大地に薄く膜を張ることによって空を湖面に映し出す、天空の鏡と呼ばれる神秘的な絶景を見ることができる』スポットだ。観光サイトにそう書いてあった。このため風が強い日などは湖面が揺れて空をうまく反射できず、景色が変わってしまうという。

なんにせよ私はすでにフラフラだ。この日ばかりは竜巻に助けられた。いくつもの国を巡ってきた私の叔母さんも同じくフラフラだった。旅行上級者でさえこうなってしまうのか。初めての海外でとんでもないところに連れてこられてしまった。だが奢りなので全然許せる。高山病に乾杯。ゆっくり休んで疲れを取り、翌日の夕方までガイドを待つことになった。

待っている間も退屈することはなかった。Ｗｉ－Ｆｉが繫がっているのだ。なんと便利なのだろう。インターネットは素晴らしい。わざわざボリビアから日本の掲示板サイトを眺めているのは私くらいのものだろう。

翌日、ガイドと共にウユニ塩湖へと向かう。数名の日本人と同乗した車でボリビアの街並みを走った。見慣れない食べ物を置いている売店が、たくさん並んでいる。観光客向けなのか、いかにも異国といった感じのお面や服飾品が目を引くが、どこへいってもＢＧＭに当時人気だったイギリスのグループ、ワン・ダイレクションがかかっており、なんだかなあと思った。

しばらく走ると街を外れ、視界一面が真っ白な大地になった。三六〇度どこを見渡しても真っ白。建物も見えない。ただただ白い大地が広がっていた。完全に異国の地だ。いや、いくら異国でもこの景色は中々見られないだろう。異世界についた。

私は叔母さんと「ウユニ塩湖日和でよかったねえ」などと会話し、パシャパシャと写真撮影に勤しんだ。この日は運よく快晴で、風も弱かったため、見返すと本当に合成にしか見えない写真がいくつも撮れた。ウユニ塩湖日和などという言葉を使うことはこの先、一生ないだろう。空が湖面に映し出され、天空の鏡と呼ばれる神秘的な絶景を見ることができた。これは観光サイトの言葉だが、私の語彙ではこれ以上的確で美しく表現できない。とにかく本当に綺麗だった。沈む太陽すら湖面に反射され、見渡す限りオレンジ色の世界になる。まるで空の上にいるようだった。

日が沈んだ後は一度ホテルへ戻り、数時間後に日の出を拝みに再び訪れる。真夜中のウユニ塩湖は宇宙だった。私が訪れた三月は天の川がはっきりと見え、街灯も何もないウユニ塩湖の真ん中で、静寂と暗闇の中、頭上にはひたすら星が光っていた。あんな綺麗な空を今後の人生で見ることはないだろうとさえ思える美しい星空だった。その上奢りなのだ。私は幸せな男だ。

ただ一つ問題なのは極寒だったことくらいか。沖縄出身の人間には耐え難く信じられない寒さだった。この星空は寒さとコカ茶が作り出した幻覚ではないだろうかと心配してしまうほど寒い。そして美しかった。寒さに耐えしばらく待つと、陽の光がゆっくりと天の川を蹴散らしていく。暗闇が晴れ次第にオレンジに染まっていく世界は本当に神秘的だった。これが奢りなのだ。世界は素晴らしい。

私の見ている景色は本当に現実か。こんな光景があるのか。日本に帰ったら友人や家族にこの世界の素晴らしさを伝えよう。私たちが普段見ている世界はこの地球の一部でしかないのだ。世の中にはこんなに美しい景色がある。私の語彙ではとても表現しきれないが、できるだけこの素晴らしさを伝えたい。どんな言葉を選べば良いだろうか。

何やらポエミーな文章になってしまった。旅行をして人生観が変わったという人はよくいるが、私の場合は思い出すと詩人になってしまうらしい。語彙も表現力もない詩人だ。救いようがない。長居しなくてよかった。

異世界の景色を目に焼き付け、私たちは帰路についた。実を言うと帰りの旅についてはよく覚えていない。当時は二〇一四年の三月、日本ではお昼の人気番組『笑っていいとも！』の最終回が放送されていた頃だった。このいいとも最終回のリアルタイム実況を友人がひたすら送ってくる。聞けばダウンタウンととんねるずが同じ画面に収まっていると言うではないか。そんな光景があるのか。早く見たい。帰りの飛行機の中、気が気ではなかった。家族は録画してくれているだろうか。数日間の旅路の末、家に辿り着いた私が最初に発した言葉は「いいとも録画した？」だった。

思い出すトラウマ

もう数年前だが、マリオカートの大会に呼ばれてありがたく参加した。大会とは言っても公式のものではない。それでも嬉しかった。三人一組のチーム戦、私はひたすら足を引っ張ってしまったが、チームメイトは本当に優しかった。申し訳なくて消えてしまいたくなるほどに優しい。「今のは惜しかった」「この調子で頑張ろう」。私はこの時学生時代のことを思い出していた。

高校二年の時、クラス対抗のバレーボール大会があった。私のクラスは男子十名、女子二十名という比率。当然競技は男女別で行われたため、私のクラスは十人中九人がコート内で競技に参加することになる。ベンチを温める係はこの九人からあぶれた一人。私だった。たった十名しかいない中からの選抜メンバーにさえ選ばれないほど能力の低い人間、それが私である。このためにバレーボールを買って練習したのに。部活にも所属せずやることがないから、ここ数週間はバレーボールを触って過ごしていたのに。なんて無駄な出費だったのだろう。今から返品しに行っても間に合うものなのだろうか。学生にとって千円は痛い。

クラスの女子生徒達が応援する中、一人選ばれなかったという理由でベンチに晒される私。コート内では何やら試合が盛り上がっているようだが私には関係ない。ボロ負けでもいいから早く試合が終わってほしかった。ボールをうまく返して逆転の目を作るクラスメイト。うまく返すな。逆転の目を作るな。大人しく負けて終わってくれ。しかしそんなことを言えるわけはない。こんなことを考えているということすら察されてはたまらない。私の気持ちがバレてしまったが最後、教室での立場すら危ういだろう。表情などに出ないよう一生懸命口角を上げる。私の表情筋もそろそろ限界だ。バレーボールとは顔の筋肉を使う競技だったのか。自分に負けてはならない。心も表情筋もボロボロにしながら、これが私のバレーボールだと自分に言い聞かせた。コート内外で熾烈な戦いが繰り広げられていた。

しかしクラスメイト達は決して悪い人ではない。むしろ善人である。バレーボールなど一人のミスが直接相手の得点になってしまう残酷極まりない競技だ。こんな鬼のようなルールのゲームを学校行事にするな。クラス対抗スマブラ大会とかにしろ。

点数が離れてきた頃、私はクラスの一軍、イケてるヤツに呼ばれ、ついにコートに入ることになった。一人でベンチを温めるのも惨めだが、これはこれで非常にまずい。私などミスするに決まっているだろう。だからベンチだったのだ。

みんなが一生懸命汗水垂らして勝ち取ったリード得点が、私のミスでどんどん失われていく。恐ろしい。しかし誰も、嫌な顔一つせず私を励ました。彼らはなんて心の綺麗な人達なのだろう。コート外で私が考えていたことといえば「早く終わってくれ」そんなことばかりだった。自分が本当に情けない。そしてこんなに気を遣わせてしまっていることに申し訳ない気持ちでいっぱいだった。バレーボール、こんなに感情を揺さぶられるスポーツだったとは。針が振れているのはほとんど負の方向ばかりではあるが。

クラスメイトのアシストもあり、私の弾いたボールでなんとか一点取れた。みんな喜んでくれた。よかった。安心した。するとみんな集まり円陣を組む。謎の掛け声とともに再びコートに散っていく。私がベンチを温めている間に、謎の掛け声が誕生していたらしかった。一体何を叫んでいるのか全く分からないままヘラヘラしながらとりあえず乗り切った。まさかコート内でも表情筋を鍛える羽目になるとは。

マリオカートをしながら、そんなことを思い出していた。今コントローラーを握っているのはあの時の私だ。今や表情筋は弛《ゆる》みきっている。いつか私も、誰かに優しい声をかける側に回れるだろうか。そもそも私の得意な競技って何だろう。考えても考えても何も思いつかない。愚痴や文句なら、たとえ学生時代の話であってもこんなにすらすら書けるのに。悪口選手権でも学校競技にしてくれれば私だって輝けたはずである。

いい加減、良い人間になりたい。心を入れ替えたい。しかし何をすれば良いのか分からない。とりあえず、マリオカートの練習をしておこう。

将来の夢

私はお笑いが好きだ。お笑い番組はもちろん、好きな芸人さんのライブやイベントなどもよく見ている。二〇二一年のM-1グランプリの優勝者は錦鯉さん。ボケのまさのりさんは五十歳でチャンピオンになった。五十歳からでも人気者になれる夢を叶えることができるということを示してみせた。

小学生の頃、学年全員の前で将来の夢を発表するという地獄のような儀式が存在していた。今振り返っても一体何が目的でこんな行事があったのかは謎であるが、私も大勢の同級生の前で夢を発表した。当時ミニバスケットボールをやっていたため、バスケ選手と話したが、正直そんなものは全く興味がなかった。大人ウケが良さそうかつ、私が発表しても違和感がないであろう職業を選んだだけのバスケ選手。本当は仮面ライダーになりたかった。そんなこと恥ずかしくて大衆の前で言えるわけがない。

高校生の頃、私の将来の夢はやはり仮面ライダーだった。どうしても変身してみたかった。そして一生自分の周りの子どもに自慢するのだ。

調べてみると、仮面ライダーになるにはどうやらジュノンボーイに選ばれていると有利らしい。家族が出かけるのを見計らって自撮り写真を数十枚撮影し、応募した。十七の時である。こんな時、私に姉がいれば勝手に送られたことにできたのに、家にいるのは寝っ転がってジャンプを読んでいる妹だけだった。

人に撮ってもらったかのように偽造した自撮り写真を選考に送りつけたが、一次審査はなんとネット投票だった。ジュノンボーイ、恐ろしい賞レースだ。特設サイトには私と同じように芋っぽい大学生・高校生たちがずらっと並んでいる。これは一体どういったプレイなのだろう。毎日一票ずつ自分の携帯から自分に投票するという虚無のような日々が二週間ほど続き、二次選考に移ったのだが、そこに私の芋写真は載らなかった。当然だろう。私にジュノンボーイはどうやらダメらしいと悟った。

しかしこんなことで諦める私ではない。私は変身しなければならないのだ。芋高校生が次に思いついたこととといえば、大手の芸能事務所にメールを送りつけまくることだった。芸能事務所側からしたら大変迷惑な話である。何処の馬の骨かも分からない普通の芋高校生がドヤ顔をしている写真が、突然送りつけられるのである。当然なんの音沙汰もなかった。

これでも諦めきれない私は、大学進学後バイトをして、お芝居を勉強できる定時制の学校に通うことにした。母親にはブチ切れられたが、そんなことは関係ない。私は変身して世界の平和を守らなければならないのだ。そして一生自慢するのだ。

このお芝居の勉強は楽しかった。芸能事務所のオーディションなども受けさせてもらえたのだが、その中に私がかつてドヤ芋写真を送りつけるという迷惑行為を働いた事務所もラインナップされており、当然誰も覚えてなどいない中、私一人が無駄に緊張感を纏《まと》ってオーディションを受けることになった。いくつかの事務所に合格し、養成所に入るよう言われたが、養成所ではさらにお金がかかるらしい。私の変身願望はここで終わった。

あの時、東京へ出てアルバイトをしながらでも続けていれば、もしかしたら望みがあったかもしれないが、沖縄の芋青年がなんの後ろ盾もなしに単身東京へ出て行くには、お金も自信も足りなかった。

『仮面ライダー５５５』第八話の台詞にこんなものがある。

「夢ってのは呪いと同じなんだよ。呪いを解くには、夢を叶えなけりゃならない。……でも、途中で挫折した人間はずっと呪われたままなんだよ」

あれから時は経ち、私も大人になった。なんとか自分の力で生活できている。しかし職業はＹｏｕＴｕｂｅｒ、まだどこかで機会を窺っている自分がいる。いい加減諦められればいいのだが、五十歳で呪いを解いた者の存在がそれを許さない。これから先もずっと、私は呪われたままなのだろう。


さて、呪いといえば我々日本人はみな生まれながらにして年金という呪いを背負っている。将来返ってくるのかもわからないお金を毎月払い続けている。

今の私には全く別の夢がある。それは年金で得をするまで死なないということだ。この夢を語ると、誰もが無理だと笑う。だが私は、あの頃の私とは違う。今度こそは絶対に叶えて見せる。年金で絶対に得をして死ぬのだ。

思い出のあの店

近所のファミレスが閉店した。学生の頃からよく行った店だ。大学生の頃、友人四人で初めて大人の店へ行った帰りに集合して報告会を行ったのがここだった。夜中に金のない学生が集まれる場所なんて限られている。たかだか三百円のドリンクバーで何時間も話をした。

親友の恋愛相談に付き合わされたのもここだった。私には無縁な恋愛のいざこざを、定期的に夜中に呼び出されて付き合った。彼には悪いが何の刺激もない日々を送っていた私にとっては、週に一度のちょっとした楽しみだった。実のあるアドバイスなんて私にできるはずもないので、ヘラヘラしながら話を聞くだけだった。

あれから五年くらい経つのだろうか。その思い出のファミレスが閉店した。周りはどんどん変化していく。結婚どころか子どもが生まれた友人もいる。幼稚園から知っているヤツに子どもがいるのだ。私はもう子どもじゃないのか……。

私は上手く行かないことがあるとドライブをする。夜の街をなんとなく運転し、適当なファミレスに寄り、ぼーっと過ごして帰るのだ。以前はこのファミレスにもよくお世話になった。勉強なのか仕事なのか、ひたすらノートに何か書いている人、酔っ払いの集団やネズミ講の勧誘、夜中の客層が好きだった。腹が減った時はカレーをよく頼んだ。いつきても寸分違わず全く同じ味のカレーだ。運ばれてくる直前、厨房からはレンジの音が聞こえる。

ある時、私がここで当時の仕事である宿題をしていると、後ろの席に顔見知りのカップルがやってきた。向こうは私に気づいていないようだったため、帰り際に挨拶をすればいいかと考え仕事をしていたのだが、どうやら彼らは別れ話をしているようだった。男が浮気をしたらしい。とんでもない場面に遭遇してしまった。バレないよう帽子を深く被り、メガネをかけ、顔を伏せてやり過ごした。私が気づいた時点で声をかけていれば、彼らは別れずに済んだのだろうか。

またある時は、全く知らないカップルが別れ話をしているのにも遭遇した。なんだか縁起の悪いファミレスだった。田舎の若者の恋愛はファミレスで始まりファミレスで終わるのだろうか。

　ここ数年は新型コロナウイルスの流行により、夜間の営業をやめてしまっていた。田舎のファミレスなどほとんど客も来ないだろう。合理的な判断だろうが、夜中電気の消えた店を見ると少し寂しかった。

　コロナ禍以降はほとんどの飲食店が深夜は電気を消している。二十四時間営業している店は以前と比べて本当に見かけなくなった。今の大学生は初めての風俗帰り、どこで報告会をするのだろうか。どこで恋愛相談をするのだろう。どこで別れ話をするのだろう。夜中のファミレスで一人黙々と書き仕事をしていたあの人はどこへ行ったのか。酔っ払いはどうやって酔いを覚ましているのだろう。ネズミ講はどっか行け。

　この数年で街並みも少しずつ変化している。時間の流れは恐ろしい。気がつくと二十代も折り返してしまった。しかしいくら時が経っても、私はあのファミレスを忘れないだろう。あの安っぽいカレーの味も、初めての夜の店も、毎週受けた恋愛相談も。

　親友が先日、あの時の彼女と結婚した。ヘラヘラしていただけだったが、相談に乗っていた甲斐があるというものだ。大変嬉しい限りだ。子どもが生まれたらぜひ私に名付けさせてほしい。ジョイフルと名付けたい。

第2章

急転直下、紆余曲折

俺はエッセイクリエイター

このエッセイを書くにあたって、勉強のために様々なインフルエンサー本を読んだが、そのどれもが自伝だった。当然のことだ。私のような動画投稿者が本を出すとき、想定される読者は普段私の動画を視聴してくれている人だ。そういう人達は私に興味がある可能性が高いため、私自身のことを綴った方が興味を惹けるわけだ。これは裏を返すと、私の視聴者数以上の読者数はあまり見込めないということである。

昨今ＹｏｕＴｕｂｅｒなどのことを指して動画クリエイターと呼称するメディアが増えてきた。しかし、私が投稿しているようなゲーム実況動画はどうだろうか。これは動画をクリエイトしていると胸を張って言えるのだろうか。個人的にはどちらかというと、二次創作をしているような感覚に近い（二次創作も創作ではあるが）。

では今書いているこのエッセイはどうだろう。これは紛うことなき一次創作ではなかろうか。こんなチャンスは滅多にないであろう。やっと大手を振ってクリエイトできる。私は今エッセイクリエイターなのだ。どうにかこの本がアホみたいに売れて「エッセイスト」みたいな肩書きを手に入れたい。そして印税生活を送りたい。そのためには私の動画を普段から視聴してくれている人の数よりもたくさんの人に面白がってもらわなくてはならないのだ。

ではどういった人が普段から本を読むのか。短大卒の私の脳みそをフル回転させて導き出された、普段から活字に触れている人達の特徴は、賢さだった。これはいけない。賢い人達を相手にしては、取り繕った私の化けの皮などすぐに剝がされるだろう。自伝など最悪だ。私のような何も成していない若者が、一体何を偉そうに語っているのかと不快にさせてしまうこと請け合いだ。書籍一冊分も長々と半生を語っておきながら、その後炎上騒動でも起こしたらダサすぎる。かといって私のような人間の書くエッセイなど誰が興味を持つのだろうか。

そもそもエッセイ作家とはどうやって人気になっていくのだろう。やはりクチコミが一番なのか、それともナントカ賞を受賞して話題になっていくのか。よく電車広告などで

「〇万部突破のベストセラー」と紹介されている、全く聞いたこともない謎の書籍があるが、あれは誰が買っているのか。考えれば考えるほど謎は深まるばかりである。

世の中には分からないことだらけだが、大人はみんな何もかも知ったような顔をしている。私はコーヒーが飲めないので、コンビニコーヒーの買い方が分からない。先日友人にこの話をしたところ、信じられないというようなことを言われた。その友人は確定申告のやり方を知らなかった。コンビニコーヒーと確定申告なら確定申告の方が重要度が高いので私の勝ちだ。

私は動画投稿を生業にしているので、世の中の一般的な大人達に比べて知らないことが多いような気がする。目上の人とのコミュニケーションの取り方も知らなければ、特に専門的な知識や技術があるわけでもない。かといって私にはコネもないし、職歴もほとんど真っ白だ。

考えうる最悪の大人ではないか。ほとんどニートと同じである。書いていて恐ろしくなってきた。コンビニコーヒーなど取るに足らないことだ。よくよく考えると圧倒的に私の負けだった。今や小学生のなりたい職業ランキング上位にランクインするYouTuberだが、少なくとも私は何も知らない大人なのだ。

そういうわけなので、この本は絶対に売れてほしい。編集者に頑張ってもらうしかない。あるいは読者の中に腕利きの広告代理店社員などいたらぜひ連絡してほしいものだ。売れる秘訣を教えてほしい。エッセイ作家の売れ方や、謎の電車広告ベストセラー本の購買層とその取り込み方も教えてほしい。もし上手い税金のちょろまかし方を知っていたらそれも教えてほしい。

自分にかけた呪い

この間、実家に帰ると母親がネトフリで見たドラマの話をしていて驚いた。私の母は機械に疎い。録画の仕方が分からないからと、中学生の私に録画を代行させていた母だ。

コロナ禍以降特に感じることだが、よりインターネットが身近なものになったのではないだろうか。動画サイトを眺めるという娯楽が当たり前になっている。すごいことだ。昔はＹｏｕＴｕｂｅやニコニコ動画を見ていると、母親に怒られた。「こんな訳の分からないものばっかり見るな」と言っていた母だ。現在の母にとって動画サイトはもう訳の分からないものではないのだ。

外に出るのも億劫で、友達もそう多くない私にとって動画サイトは当たり前の娯楽だった。同時に、私は動画を作るのが趣味だった。友人らと撮った動画を編集して仲間内で楽しんでいた。

大学生になった頃、すでにＹｏｕＴｕｂｅｒという職業がじわじわ認知され始めていた。ＹｏｕＴｕｂｅで人気になるとどうやら儲かるらしい、そしてモテるらしい。羨ましい限りだ。私と同世代の若者が、高そうな車に乗り、高そうな服を着て、たくさんの女性から黄色い声援を浴びている。一方私はといえば、中古四万のボロ原付を乗りまわし、中学の時のジャージを着て、バイト先の先輩に怒られていた。こんな不平等があっていいのか。

暇を持て余した私は友人らと三人でなけなしのお金を出し合い、ゲーム実況をするための機材を買い揃えた。そうして始めたＹｏｕＴｕｂｅだった。開始当初はそれぞれ動画を出していたが、やがて面倒になったのか、二人は辞めてしまった。こうして私は結果的に機材を三分の一の値段で手に入れた。

私が動画投稿を始めたのは二〇一六年だったが、この頃にはすでに新規参入など無理だと言われていた。私には特技も何もない。余程ゲームが上手いとか、喋るのが得意だとか、そういった才能は全く持ち合わせていない。ただただ時間だけがひたすら余っている。

馬鹿みたいに時間をかけて動画を作れば見てもらえるのではないかと考え、最初の動画を四五〇時間かけてプレイしたゲーム実況のダイジェストにした。今となっては見返したくもないほどの出来の動画だが、当時は自信満々で動画を投稿した。私の薔薇色人生はここから始まるのだ。黄色い声援を浴びて、毎日寿司を食うのだ。これで人気が出た時のために、Ｐａｒｔ２の予告も付け足しておいた。完璧だ。三股でも四股でもしてやろう。やりたい放題の人生を送ろう。豪邸に住んででかい犬を飼おう。働きたくない。のんびり暮らそう。

しかし現実は甘くない。新規参入が無理だと言われるほどだ。四五〇時間かけて作った動画の再生数は十二回。しかも動画内で第二回の予告をしてしまっている。恐ろしい。私はすでに第二回に向けて再度動画を作り始めていた。これだけ時間をかけて十数回の再生数というのは逆に面白いのではないかと感じていたのである。最悪自作自演で匿名掲示板にでも貼り付ければもう少し話題になりそうなものである。誰にも見られていない動画の作業を一人、黙々と続けていた。

初めて動画を投稿してから一ヶ月経った頃、突然携帯が光った。通知が鳴り止まない。動画がバズっていた。当時はバズるなんて言葉はなかったが、あれはバズっていた。当時の私が自信満々で投稿した動画のユーモアはコメント欄でボコボコに叩かれていた。と同時に根性だけは褒められていた。二〇一六年のゴールデンウィークのことだった。ニコニコ動画では視聴者が気に入った動画に課金し、広告として人目につくページに貼り付けることができる。動画に広告を貼るのではない。動画を広告するのだ。視聴者が投稿者を応援するためのシステムというわけである。私の動画を視聴した物好きが、私の動画にいくらか突っ込んだらしい。今私がこうして文章を書いているのは、いまだに動画を上げ続けることができているのは、その物好きのおかげである。

……というのがこれまで様々な生配信や動画で語ってきた、私がバズった理由である。しかしこれは大嘘だ。私の動画に広告を入れたのは何を隠そう私自身である。人目に付きさえすれば見てもらえる、気に入ってもらえる自信があった。だが自演で広告を入れたとなると印象が悪い。そこで私はニコニコ動画のサブアカウントを用意し、アルバイト代からなけなしの二万円をニコニコ動画に突っ込んだのである。当時私は大学生、たった数百円の交通費を惜しんで毎日十キロ歩いていた男の二万円は、これはもう大博打だ。

それから六年経ったがいまだに時間のかかる動画ばかり作っている。完全にスタートで失敗したと思っている。自分自身に呪いをかけてしまったのだ。恐らく六年後も時間のかかる動画を作っているのだろう。乗っているのは軽自動車だし、着ているのはGU、視聴者の男女比率は九：一だ。何も思い通りになっていないが、のんびり暮らすことだけは叶ったのでよしとしよう。

実家の母親が言った。「あんたの動画は訳が分からん」。

ハンドルを左に

毎朝、とにかく仕事に行くのが嫌で職場へ向かう車の中で葛藤していた。朝早くの車内で聴く元気なラジオアナウンサーの声にすらうんざりしていた。仕事に行きたくない。このボロの軽自動車が憎い。

私は数年前に少しだけ保育士をしていた。

保育士になるため、最近共学になった女子短大に通ったが、共学になったとはいえ同級生の中で男は私だけだった。ある意味逆紅一点の環境の中、肩身の狭い思いをしながら資格を取った。そこまでするほど子どもが好きだったが、結局、保育士はすぐに辞めることとなる。

短大のため二年間のうちに保育士資格や幼稚園教諭免許などを取得しなくてはならない。実習などの期間は信じられないほど忙しく、友人もいない中耐え忍ぶ日々であった。

大学とはいえ逆紅一点、友人との青春や浮いた話などとにかく色と無縁の生活、休みなどほとんどない中で毎日十二時間ほど実習をした後、家に帰って書き物をしなければならないというブラック企業も真っ青な生活にまだまだ尻の青い私は目を白黒させていた。せめて文章の上くらいはと色をつけてみたが、私の短大生活を象徴するかのような寒色ばかりの表現になってしまった。周りを見回せばＹｏｕＴｕｂｅｒの同業者達はみんな黄色い声援をいっぱいに浴びている。あの黄色が羨ましい。

なんとか就職したのはいいものの、実習で体験した以上の大変な生活が待ち受けている。職場へ向かうには車のハンドルを左に切らなければならないが、どうしても右へ曲がりたいという強い葛藤と毎日戦っていたことを覚えている。右へ曲がって海へ行きたかった。

これは今でもそうだが、早起きという行為の意味が分からない。本来動物は自らの天敵となる種族から身を守るためや、狩猟に有利を取るために生活リズムを形成し、寝起きしているはずだが、人間は一体なぜ眠い目を擦り、健康を損ねるリスクを背負ってまで早く起きるのか。全く迷惑な社会である。

私は副担任という形でクラスを受け持っていたが、担任の先生の意向ばかり気にして、先生の顔色を窺いながら子どもに接してしまっており、子ども達にきちんと言う事を聞かせなくては私が怒られてしまう！　という思考に陥っていた。

仕事はもちろん、私生活でも様々な出来事が重なり心を病んでしまい、そのうち子どもに手をあげてしまうのではないかと怖くなって辞めた。きちんと担任の先生に相談していれば違った結果になっていたかもしれない。今になって思えば先生は決して怖い人ではなく、話せば聞いてくれただろうが、当時はなぜか誰にも分かってもらえないと思っていた。

子どもは好きだが、保育士の仕事は私には向いていなかったのだと思う。保育士に限らず、うまく仕事をこなして働いている人達は本当にすごい。ものすごく知能の低い文章になってしまったが、本当にすごいと思うのだから仕方がない。

保育士時代のいい思い出というのはあまりない。いいことも悪いことも思い出せない。保育に役立つ情報などもない。家庭での保育と園でのそれとは全く別なので参考にはならないだろう。

と、ここまで書いて思ったが、保育士時代については本当に語ることがないのだ。私のうつ病エピソードを書き連ねてもいいが、そんな話を面白く書ける自信はない。

高校時代の同級生に、「飛行機に乗ったら乗務員さんが美人だった」という話を空港に向かう車の描写から始める男がいた。これもひとつの才能だろう。彼なら私の保育士時代の話も保育園へ向かう車の描写から始めるのかもしれない。文才のある私にはとても無理だろう。書いているうちにどうしても丁寧にまとまった文章になってしまうのだ。

新時代は洗濯機とともに

私はどうにも人と暮らすのに向いていない。自分だけの空間、時間が確保されていないと息苦しくなってしまう。学生時代もずっとそうだった。家族に干渉されることが煩わしくてたまらない。「今日は夕飯いらない」と連絡することさえも億劫なのである。そんな気質からか、回想してみると私は万年反抗期のような状態であったと思う。喧嘩ばかり、ということではなく、とにかく家族とやりとりすることが面倒だった。この性分は今でも特に変わっていない。

ＹｏｕＴｕｂｅｒといえど動画だけを作り続けているわけではない。この本を書くにあたってもそうだが、たまには人間界で暮らしているまともで良識のある社会人とも関わらなければならないのである。しかし私のような人間関係無気力ダメ人間は、たかがメールの返信にさえも大量のカロリーを消費してしまうのだ。こんな男が実家を出るのは必然であった。

一人暮らしを始めてから心に余裕が生まれた気がする。何より家族に優しくなった。今となってはなぜあんなに対話を面倒くさがっていたのか分からない。たまにしか会えないのだから、親孝行くらいしてやろうという脳みそが働くようになった。私は愚かなので、いつもこうである。家族との時間が減ったことで、家族のことを考える余裕ができた。

ウキウキでＹｏｕＴｕｂｅを始めた。インターネットは私のようなダメ人間がまともを装って偉そうな顔をできる最高の空間である。一人になった私を止めるものはいない。しかし一人だと快適すぎて外へ出ないので、バイトの量も減っていき、富むこともない。業務スーパーで買ってきた激安カップ麺を啜りながらインターネットに入り浸った。実家に帰ることはほとんどない。


以前住んでいた家は不動産屋に、「ＹｏｕＴｕｂｅをやるので安くて防音のところを貸してほしい」と赤裸々に伝えて借りた部屋だった。しかしなぜか住み始めて一年も経たない頃、隣室から苦情があったらしく騒音で強制退去となってしまったのだった。後に新しく部屋を借りる際、別の不動産屋に相談したところ、この部屋は全く防音などではないという話だったので、恐らく連絡の行き違いがあったのだろう（この間、隣人に騒音を告発され炎上したＹｏｕＴｕｂｅｒがいたため、防音の部屋をリクエストして借りていたはずなのだということは強調しておく）。

一ヶ月以内に出ていくよう言い渡されたのは二〇一九年の四月、世間の話題は新元号の発表で持ちきりの頃であった。とりあえず大急ぎで荷物を段ボールに詰め込み、実家の部屋に置かせてもらった。

洗濯機だけはどうしても持っていけず、当時乗っていた軽自動車の後部座席に積み込んだ。しかし私が学生時代使っていた実家の部屋はエアコンが壊れており、とても快適に眠れるような環境ではなかったため、車のシートを倒して洗濯機の隣で眠った。元号が平成から令和へと移り変わった瞬間、私は軽自動車に積んだ洗濯機の隣で目を覚ました。

パソコンも使えないためろくに仕事も出来ず、とにかく退屈だったので映画館に通って時間を潰した。一日中映画を観て過ごしていたが、隣に座ったカップルや親子連れなどは、私が洗濯機と共に軽自動車生活を送っているなどとは想像もしなかっただろう。

コロナ禍前の世界、皆が集まり酒を飲んだり、家族で穏やかに過ごしたりして新しい時代の幕開けを祝う中、私の隣にいたのは洗濯機だった。一人暮らしを始めたときに買った、聞いたこともないメーカーの安い洗濯機。店員さんに一番安いヤツをくださいと言って買った洗濯機。購入した時はまさか隣で眠ることになるとは夢にも思わなかった。驚くほど安かったが、思い出はたくさんだ。

私は年金で得するまでは意地でも生き続けるつもりなので、もしかしたら将来若者に平成時代のことを聞かれたりするかもしれない。元号が移り変わる時、洗濯機を車に乗せて街を彷徨《さまよ》っていた。いつ来るか分からないが次の時代こそは部屋の中で迎えたいものだ。

ちなみに洗濯機はずっと車に乗せていたせいか気づいたら壊れていた。

趣味、散歩？

散歩をするのが好きだ。考えごとをするときは大体夜中、散歩かドライブをしている。日が落ちて人が消えた街をぼーっと歩く。丑三つ時から明け方頃まで歩くこともある。早起きのご老人達とすれ違うことも多いのだが、驚くことに彼らのうち何割かはスマホをいじっている。すれ違いざまに「向こうにリザードンがいた」とかいう会話が聞こえたことがある。ポケモンGOをプレイしているのだ。まさかおじいちゃんの口からリザードンという名前を聞くことになるとは。

私の祖母などは、子ども向けのキャラクターといえば全てミッキーマウスの仲間、くらいの認識なのに。いや、それすらもうろ覚えだ。この間はネズミのやつと呼称していた。祖父は二次元作品を全て漫画と呼んでいる。彼にしたらゲームも漫画だ。漫画ばかりするなとよく言われた。

最近引っ越しをした。生まれ育った沖縄を出ることにした。動画投稿なんてどこにいてもできる仕事だとは思うが、この国の大企業はほとんど全て東京に集結している。私はポケモンの動画などを投稿しているが、公式様から声がかかったことはない。私以外のYouTuberはたまに公式仕事をもらっているのだが、私と彼らとで何が違うのだろうと考えたときに、やはりアクセスの問題があるのではと思い立った。あるいは人間性か。

これまでもいくつかイベント仕事の依頼などをいただいたこともあったが、コロナやら交通費の関係やらで断らなければならないことが多々あったため、引っ越すことにした。ゲーム動画なんてパソコン一つあればどこでも作れるだろうと思われるかもしれないが、私の動画というのはそうもいかない。私はニンテンドースイッチを十台、ニンテンドーゲームキューブを十六台所持しており、同時操作することでレアアイテムの収集効率を上げる、という遊び方をしているため、私がゲーム動画を作るにはパソコン一台にニンテンドースイッチ十台とニンテンドーゲームキューブが十六台必要なのだ。物が多すぎる。今回の引っ越しは相当苦痛であった。願わくば二度と引っ越したくない。ここに骨を埋めたい。

また、引っ越した理由の一つは散歩である。沖縄はもう歩き尽くした。どこへ行っても知っている景色で飽きてしまった。かといって電車もないので他県への移動は簡単ではない。こんなに歩いているのに、新マップが追加される日は永遠に来ない。そこで引っ越しをした。

知らない街を歩くのは楽しい。沖縄では私と同じように散歩、というかウォーキングをしているご婦人などとすれ違うことも多かったが、こちらではあまり見かけない。夕方すれ違う主婦は大抵自転車に乗っている。沖縄で自転車に乗っているのは学生くらいのものだ。ママチャリというネーミングにあまり納得できないくらいには、自転車に乗る主婦は珍しい。カゴには野菜が載せられている。なんとベタなのだろう。ママチャリのカゴに野菜を入れて漕いでいる主婦なんて、創作の世界でしか見たことがなかった。

生えている街路樹の種類が明らかに違う。似たような景色にも微妙に違和感を覚えるのはこのせいだろう。沖縄のものはもっと南国南国している。それに川なんてない。河川敷を初めて見た。釣り人や、座って話をしている学生なんかもいる。なんとベタなのだろう。ドラマやアニメでしか見たことがない光景だ。

その向こうでは電車が走り去っていく。ベタすぎる。そういえばステーキ屋もタコライス屋も見かけない。沖縄ならどこへ行ってもあるのに。路肩でアイスを売るバイトも沖縄だけらしい。その代わりにこちらではラーメン屋が多い。一蘭なんてテレビでしか見たことがなかった（どうやら沖縄にも一蘭はあるらしいが、近所にはなかった）。ミニストップにデイリーヤマザキ。こんなコンビニ見たことない。沖縄そばの店は一軒もない。一体どうなっているんだ。

トロピカルな街路樹の下、買い物帰りの主婦が自動車道を渋滞させている。河川敷など存在しない。バス停には学生が列を作っている。ランニングしているのは大抵外国人だ。電車もない。釣り人は海へいく。路肩ではアイス売りのバイトが座っている。

歩けど歩けど考えごとが終わらない。ただただ無情に時間が過ぎていく。自分が今どこにいるのかも分からない。

街の微妙な違和感や初めて見る光景にばかり意識が行ってしまう。何も思いつかない。

もうすぐ自宅に着いてしまう。動画編集が私を待っている。ああ、帰りたくない。面倒な編集作業をやりたくない。私の趣味は散歩などではない。街路樹なんかに興味はない。これは散歩という名の現実逃避だ。

わざわざ海を越えて引っ越しをしたが、現実から逃げ切ることはまた叶わなかった。今晩歩いて手に入ったのは、リザードン一匹くらいである。まあ今回はこれで良しとしよう。

東大王ＶＳ短大王

　大人になるとなかなか友達を作るのが難しくなる。私は高校卒業以来、新たにタメ口で会話ができるような人間関係を構築できるまで八年かかった。恐ろしい年月である。小学生が成人してしまうほどの時間が経っている。彼らなら中学・高校のうちにたくさんの友達を作ることだろう。私の人間関係はその間全く変化しなかった。ＹｏｕＴｕｂｅｒなど特に新しく人間関係を築く必要がない。その上沖縄に住んでいるとなると同業者と会うことも滅多にない。これも手伝ってかすっかり敬語が板についてしまった。

　人と会話するのは本当に体力を消費する。必要以上に気を遣ってしまうのだろう。絶対に嫌われたくないという思いが強すぎて、言葉を選んでいるうちに話題が移り変わっていく。一人になった後はその日の会話内容を反芻して必ず後悔する。気心が知れた友人達とでさえこうである。

ある時、私のもとに今度会わないかというメールが届いた。送り主は現役東大生でミスター東大、沖縄出身である砂川信哉という男であった。賢くて容姿も良いのか。天は二物を与えないと聞いていたが、どうやら神は死んだらしい。テレビにも出ているような人間が私に何の用なのであろうか。彼は私の動画を見てくれているという。なぜだ。私は最終学歴が短大だ。会話は成立するのだろうか。何にせよ会ってみることにした。

待ち合わせの場所に行くと大きな男がすでに待っている。なんだこいつは。身長でさえも持ち合わせているのか。いくつ手に入れれば気が済むんだ。段々腹が立ってきた。しかし話してみると彼とは地元がほぼ同じであった。幼少期に遊んだ場所や通っていたゲームセンターなどが全く同じだ。それに私の動画をしきりに誉めてくる。何だ、良いやつじゃないか。素晴らしい若者よ。

コミュニケーション能力の高い人は一体どうやって話題を選んでいるのだろう。脳みそのどの部分を使って会話を繰り広げているのか。どうやって相手に踏み込んでいく範囲を見定めているのか。全く想像もつかない。社会人は上司やら部下やらを相手にこれを毎日やっているのだから恐ろしい。私はＹｏｕＴｕｂｅで一人喋りをすることに慣れ、キャッチボールができなくなってしまった。返ってくることを考えずにひたすら投げ続けるという手法しか持っていない。相手がどう受け取るか、どう投げたら受け止めやすいのかなどを全く想定せず、ただただ適当に投げているだけだ。頭を使って喋っていない。ひたすら力任せに投球しているのだ。

砂川君との交流で、分かったことがある。これだけ持ち合わせている人間が相手だと、もうそこまで気を遣うこともない。余程失礼なことでもしなければ大丈夫だろう。何せ私は短大卒、ヤツは東大だ。学歴バトルに勝ち目はない。そして、キャッチボールを円滑に進めるにはこの開き直りが必要なのだろう。こんなにダラダラと書いておいて今更ではあるが、会話の上手い人達はきっとそこまで考えていないのではないだろうか。当たり障りない範囲で適当に喋りながら探っていけば良いのだ。このことに今やっと気がついた。

二十六年もかかってしまった。しかし私は短大卒、しかもＹｏｕＴｕｂｅｒだ。職歴すらまともではない。仕方がない。

ああ、短大卒ＹｏｕＴｕｂｅｒで本当によかった。

まさとし

ある時期から、私の住んでいたアパートのゴミ捨て場が荒れ出した。いくつか袋が破れ中身が散乱している。汚い。最近引っ越してきた人の仕業だろうか。民度が低い。一体どんなヤツがこんなことをしているのか。日本の文化に疎い外国人か、あるいはルールなど守る気のない反社会的人物か。どちらにせよ遭遇したくない。ゴミ出しに行ってぐちゃぐちゃのゴミを捨てている人に出くわしたら、なんと声をかければ良いのか分からない。下手に注意でもしてピストルを出されたらどうするのか。私は『闇金ウシジマくん』を全巻持っているから反社に詳しいのだ。間違いない。

ゴミ捨て場荒らしが現れてから数週間後、私が反社に怯えながら恐る恐るゴミ出しに向かったところ、ゴミの中で何かが動いている。死体でも入っているのではと思いギョッとした。私は『闇金ウシジマくん』のドラマを全部見ているから反社に詳しいのだ。静かに近寄ってみたが犯人は私に気づき大急ぎで逃げていった。ピストルをもった反社の正体は野良猫だった。

調べてみると沖縄は野良猫の数が多いことで問題になっているらしい。なんにせよゴミ捨て場を荒らされるのは困る。命の危険すら妄想してしまった。ゴミ捨て場を荒らされるくらいなら普通に餌でもやって帰ってもらった方がいいのではないか。今度見かけたらＣＩＡＯちゅ～るでも食わせてやろう。

しかし私に見られたことで警戒したのか、それからしばらく反社猫が現れることはなかった。私は心配だった。ひょっとしたら捕まって保健所に送られてしまっているかもしれない。今生きているかも分からない。ゴミ捨て場を荒らしている猫など何か病気をしていてもおかしくないだろう。一度はピストルすら警戒したが、用もないのに定期的にゴミ捨て場をうろうろするようになってしまった。もしかすると他の住民には、私がゴミ捨て場荒らしの犯人だと思われていたかもしれない。

ある日私が買い物から帰ると、駐車場にあの猫がいた。生きていたのか。私は持ち歩いていたＣＩＡＯちゅ～るをポケットから取り出し、反社猫に与えた。まんまと食っている。これでこいつは私をおやつ係と認識したはずだ。生き物など飼ったことのない私に、いきなり保護はハードルが高すぎる。まずは懐いてもらってから時間をかけて連れ帰ってやる。そう思っていたのだが、ＣＩＡＯちゅ～るは野良猫に効き目がありすぎる。もっと寄越せとついてくるようになった。

私が当時住んでいたのはアパートの一階だったため、ベランダに着なくなった服を詰めた段ボール、コンビニで買ってきた猫の餌と水を置いておいた。それまでゴミを漁っていたヤツからすれば破格の待遇である。三日としないうちにヤツは居付いた。私はヤツをまさとしと名付けて可愛がり、まさとしは私をおやつ係として待っていた。

だがこのままベランダで飼い続けるわけにはいかない。別の野良猫がやってきたら困る。飼うならきちんと検査をして部屋に迎え入れなければ。意を決してまさとしを動物病院に連れて行った。まさとしはメスだった。ゴミ捨て場を荒らして生きている逞しさからか、勝手にオスだと思い込んでいたが、生き物とは皆逞しいものだ。まーちゃんと呼ぶことで誤魔化そう。

こうして私はゴミ捨て場を荒らしていた猫と暮らすことになった。動画サイトで猫の動画などをよく見かけるが、だいたいの猫がいいとこのお嬢さんという感じだ。私のまさとしが一番逞しいだろう。なんたってゴミ捨て場荒らしの異名を持つ猫だ。令和をホームレスで迎えた私にピッタリではないか。人懐こく賢く美しく逞しい猫だった。

さて、そのまさとしが今年、猫白血病で亡くなった。飼い始めに動物病院に連れて行った時から分かっていた病気であり、長くはないと聞いていたが、やはりショックだった。私は動画投稿を生業としているため、一般的な社会人よりは時間の融通が利く。最期まで一緒に過ごすことができた。彼女は私の腕の中で旅立った。

私は引っ越しをして沖縄を出たが、遺骨を一緒に連れてきた。親族の誰よりも長生きして誰も私に文句を言えなくなった頃、一族の墓で一緒に眠るつもりだ。

ＤＩＹ進路選択

コロナ禍で家で過ごす時間が増え、より快適に過ごせる部屋づくりという点でＤＩＹが流行っているらしい。朝の情報番組などでもＤＩＹを特集していたりする。朝の番組ということは主な視聴者層は主婦なのだろうか。それともリモートワークで家にいる会社員に向けての特集なのか。

何にせよすごい時代だ。私の母親などは、ニトリで買ってきたような家具の簡単な組み立ても嫌がっていた。それが今や全国のお父さんお母さん達が、木材から棚やら何やら作るというのだから驚きだ。仮に私の家で、母親が棚を作ったとして、私はあまり信用しないだろう。陶器などは絶対に飾りたくない。嫌な予感がする。

動画投稿サイトにもＤＩＹ動画は溢れている。土地を買って家を建てる様子を配信しているような規模の動画もある。ＤＩＹという単語を調べると、素人（専門業者でない人）が何かを自分で作ったり修繕したりすることをいうらしい。家を建てることをＤＩＹと括っていいのかは分からないが、とにかく動画タイトルにＤＩＹとついているのだから仕方ない。

私も動画投稿者の端くれだ。こういった動画を投稿することもある。私がやっているのは主にゲームだが、レアキャラクターのコンプリートなど、コレクションを増やして見せびらかす目的の動画をよく作っているため、一動画あたりの撮影にかかる時間が長い。効率よくコレクションを増やすため、ゲーム機を十台並べて同時に操作する装置を作った。Ａボタンを連打するための装置なども作った。

何かを作ることは確かに楽しい。私は今３Ｄプリンタがほしい。プログラミングもできるようになってみたい。作れるものの幅がぐっと広がるだろう。そういった想像をするたび、私は普通科高校を卒業したことを後悔するのだ。

当時の私は進路のことなど大して真面目に考えていなかった。何となく大学に進学して普通に就職するだろうとぼんやり思っていたため、普通科高校に入学した。

というのは表向きの理由で、普通科高校なら私の青春にも色がつくだろうというやましい考えからだった。男女共学というのは実にいい響きだ。結論から言うと私の高校生活には全く何もなかった。特に部活動をするでもなく、友人とダラダラ過ごした三年間であった。今でも学生カップルが憎い。

これはこれで良い思い出なのだが、大人になって振り返った時、私は工業高校に入るべきだったといつも思うのだ。やりたいことはたくさんあるのだが技術や知識が全くない。これ本を買ってきたりネットで情報を集めて勉強するところから始めなければならない。これは本当に面倒くさい。

先日、友人の弟から進路に悩んでいるという話を聞かされた。青い春を求めて男女共学の普通科高校へ進むか、工業高校で専門的な勉強をするか決めかねているという。まさに十五歳当時の私そのものだった。話を聞いていた別の友人が口を開いた。

「男女共学校へ行けば彼女なんて簡単にできる。学生時代の恋愛は今しかできないぞ」

衝撃だった。こいつは一体何を言っているのだ。簡単にできるわけがないだろう。所詮は恋愛強者のセリフだ。全く信用できない。私に言わせてみれば、彼はこれからゲーム機を十数台同時に操作する装置やAボタンを連打する装置を作りたいと思う時がくるかもしれないのだから、工業高校へ行った方が良いに決まっているのだ。

これを読んでいる学生は全員工業高校へ行くべきだろう。男女共学校など全てなくなればいい。学生は恋愛をするな。TikTokに青クサイ動画をあげるな。生意気だ。

逆ミニマリスト

私の家には物が多い。捨てられない、片付けられないという意味ではない。単純に物が多い。私はゲーム動画を投稿して生活しているため、ゲーム機が多い。ニンテンドーゲームキューブが十六台、ニンテンドースイッチが十台並んでいる。全て普段から使っている。趣味のヒーローフィギュアが数百体、所狭しと棚に並んでいる。私以外誰も来ないこの部屋の平和を、数百名のヒーローが今日も守っている。私が装着して遊ぶ変身ベルトも飾ってある。万が一の時は私が悪を倒す。

昨今はミニマリストというのが流行っているらしい。必要最低限の物しか持たない人々のことだ。中にはスーツケースに収まる荷物だけで生活している人もいるようだ。近未来という感じがする。絶対に痩せ気味だと思う。お菓子とか食べなそう。

ミニマリストが私の部屋を見たら泡を吹いて倒れるだろう。スーツケース換算で恐らく百個分程度の荷物はあるはずだ。もっとあるかも。

子どもの頃は親の仕事の都合で引っ越しをしてばかりだった。そのため子どもの頃の玩具やら何やらは何も残っていない。今私を取り囲んでいるのは、働き始めてある程度自由にできるお金を手に入れてからの物達だ。古い玩具を扱っているお店やリサイクルショップなんかを見つけると絶対に立ち寄ってしまう。フィギュアはフィギュアを呼ぶのだ。

こういう店には大抵掘り出し物がある、というのはもう昔の話で、フリマサイトなどで検索すればいくらでも相場が分かる現代では大した掘り出し物はない。こうしたコレクターアイテムなどはネットで買った方が安いことが大半だ。それでも私は店に立ち寄る。出会いを大切にしたいのである。

……と、偉そうに語っているがこれはただの玩具収集癖の話だ。異性を誑《たぶら》かしてきた男の恋愛指南でも、やり手のビジネスマンの仕事の流儀でもない。

どうして私は物を集めてしまうのだろうか。ミニマリスト達と一体何が違うのか。彼らはひょっとして、物を持たないことでなく、引っ越すことが好きなのではないだろうか。

暮らす場所を点々とすることが趣味であるため、やむなく荷物を少なくしているのではないか。それなら納得だ。

ミニマリスト系YouTuberなんていうのも存在している。すごい世の中だ。確かにミニマリストの生活は気になる。YouTubeではきっとコストパフォーマンスの話をしているに違いない。電気代や場所代の話もするだろう。SDGsの話なんかもするかもしれない。あとはなんだ。この辺が私のミニマリストに対するイメージの限界だ。普段何を食って生活しているのか、趣味は何なのか、考えれば考えるほど不思議な人々だ。

昨今SDGsが取り沙汰されているが、大抵の場合一人分の食材なんてお店には売っていない。ピーマンは一袋に十個くらい入っている。こんなに食べ切れるわけがない。よって自炊をしないということは食材を無駄にしないということであり、結果として環境問題を解決へと導く行為になっているのである。私が自炊をしないことこそ地球を救うことになるだろう。電気代はどうしようもないので甘んじて受け入れ、払おう。ゲーム機を十数台も同時に使用するのだからこればかりは仕方がない。諦める心を学ぼう。

私のような逆ミニマリストの家には自炊に必要な物がほとんどない。一人暮らしの男が鍋だの調味料だのをいくつも持っていたって仕方がないだろう。スペースも大切な資源だ。場所代もタダではないのである。空いたキッチンスペースは荷物置き場に活用するといいだろう。この駄本を大量に買って本来コンロがあるべきスペースに敷き詰めよう。逆ミニマリストなのだから物を集めてなんぼだ。この本を大量に買おう。

私とゲーム、どっちが大事なの？

恋愛のエピソードを書かないかと、以前から編集者につつかれている。なぜなのかは分からない。その方が売れるのだろうか。だとしたら喜んで書こう。

私のような人間は恋愛経験に乏しい。家でゲームをしているだけの生活だからである。出会いなどない。動画投稿で生活している人間のほとんどはこんなものだろう。

しかし、時折インターネットには恋愛上手を自称する愚か者が出没する。やれ異性の落とし方だの、やれ長続きする秘訣だのと曰《のたま》っている。いや、これはインターネットだけの現象ではないだろう。例えば書籍でもそうだ。恋愛指南書は大人気だ。

恋愛を指南している立場の人達というのは、それなりに経験が豊富なのだろう。異性の落とし方を知っているということは、それなりに異性を狙って落とした経験があるのだろう。数多《あまた》の出会いを経て書籍やウェブサイトで恋愛を指南しているに違いない。何とも羨ましい限りである。

しかしよく考えてみてほしい。数多の出会いを経ているということは、数多の別れも経験しているということである。全く長続きしていないではないか。いくら大手企業に十数社受かったとしても、その全てでクビになっているのだから世話がない。ただ上っ面が良いだけの詐欺師だ。中身がない。中小企業でも長く勤めている人材の方が優秀である。大事なのは入社時よりも退職時ではないか。

かくいう私の退職エピソードはろくなものではない。私はゲームの動画投稿で生活しているため、一日の大半をパソコンの前で過ごすのだが、ある時は「私とゲーム、どっちが大事なの？」という説教をされたことがある。なんと間抜けな質問だろうか。これだけ聞くと私がものすごいダメ人間みたいだ。仕事なら格好がつくのにゲームだとこうも間抜けになってしまうのか。いや、これもいわば仕事ではあるのだが。あれ、そう考えるとこれは恋愛の話でなく職業蔑視の話ではないか。私は断じてダメ人間などではない。YouTuberの地位は低い。

またある時は、「そんなにゲームが好きならゲームと付き合ったらいい」と言われたこともある。ゲームと付き合うというのはどうしたらいいのか。恋愛ゲームでもすればいいのか。ムーディな夜はR指定のゲームをするのだろうか。仕事なら様になりそうなものだがゲームだとどうしても間抜けになってしまう。まあいわば仕事ではあるのだが。待て、これも恋愛でなく職業蔑視の話ではないか。全く、なんということだ。私はただ仕事熱心なだけである。私に問題などあるはずがない。ＹｏｕＴｕｂｅｒの地位は本当に低い。

大体異性とのデートなどどこへ行けば良いのか全く分からない。私が普段一人で行くところといえば玩具屋か映画館くらいである。玩具屋でならきっと無限に喋れる。ショーケースに並んだ商品の解説などすれば一、二時間くらいすぐに経つだろう。しかしこれは会話ではない。私の一方通行である。

いい大人というのはどこで遊んでいるのだろうか。きっとおしゃれな居酒屋やレストランをたくさん知っているのだろう。夜景が綺麗な場所もいくつも知っているのだろう。私も穴場の中古玩具屋をいくつか知っているぞ。カードショップも任せろ。

一度だけいちご狩りに行ったことがあるが、これはかなり好感触だった。世の中の大人達はこんなデートを毎日しているのだろうか。デート前からかかるカロリーが高すぎやしないか。私にはとても無理だ。モテる方法が知りたい。恋愛指南書でも読んでみようか。

さて、このあいだ人気ＹｏｕＴｕｂｅｒと美人女優の熱愛がスクープされていた。てっきりＹｏｕＴｕｂｅｒの地位は低いものだとばかり思っていたが、私自身の人間性に問題があったらしい。クソが。モテる男は全員地獄に堕ちろ。

いちご狩り

前述の通り、いちご狩りに行ったことがある。沖縄に二十年近く住んでいるともう大抵の場所には行ったことがあるため飽き飽きしていたのだが、いちご狩りは初めてだった。カップルで来ると長続きするかも、という謳い文句だった。一、二千円でいちごを狩り放題、食べ放題だ。安い。そもそも沖縄でいちごというのが珍しい。育てやすいのだろうか。

私はカップル向けのスポットやら何やらを全く知らない。デートなどどこへ行ったら良いのか全く分からないような人間であるため、この日はかなり頑張った方と言える。カップル達にこぞって狩られていく苺、イチゴ、いちご。

なるほど、世の中の大人達は普段こんな風にして遊んでいるのか。私にはゲームセンターくらいしか思いつかない。「沖縄」「デート」で検索して出てきたのがたまたまいちご狩りだったから良かったが、他の大人達はこんな場所をどうやって知るのだろうか。私と同じように「沖縄」「デート」で検索したのだろうか。そうだとしたら心強い。ここにいるのは私とそう変わらない発想レベルの人間だ。それも恋人を引き連れている。私はまともだったのだ。

そう思いながらいちごを狩っていると、至る所にQRコード入りのラベルが貼ってある。インスタグラムのリンクらしい。何ということだ。みんなインスタグラムからこの場所を探し当ててやって来ているのだ。後日友人に聞いたが、インスタグラムでお店や施設を探すのは一般的らしい。知らなかった。私はインスタを、珍しいソフビ人形の写真を見るためだけに使っている。しかし一般的な若者というのはみんなデートスポットを探すのに使っていたのだ。私はまた取り残されていた。今時Googleで検索などしているのはおじさんくらいのものだろう。いや、おじさん達もインスタくらいは使いこなしているのかもしれない。新しいものに順応できない人間から、こうして取り残されていくのだ。

私は昔から新しいものというのが苦手だ。環境が変わったり、手段が変わったりすることが本当に苦手だった。しかし学生の頃なら、自分が立ち止まっていても周囲が導いてくれる。インスタグラムなどもきっと周囲の同級生達に使い方を教えてもらえただろう。私はもう大人になってしまった。アプリの使い方など誰も教えてくれない。流行りの音楽もドラマも全て自分で調べなければ追いつけない。まさかいちご狩りに来て自分の年齢を再確認することになるとは夢にも思わなかった。ため息混じりにいちごを狩って食べる。いちごが不憫だ。

年齢だけは一丁前に大人だが、中身が伴っていない。いまだに玩具屋で興奮できる。ゲームショップは最高だ。おしゃれなカフェなどクソ食らえ、服屋はユニクロだけでいい。ある友人はこの間クラブに行ってきたらしい。ワンナイトの経験くらいみんなしているらしい。セックスフレンドの話をしてくる下世話なクソ野郎もいる。私はカメレオンクラブ（ゲームショップ）に行ったことがあるぞ。一晩で飽きて売り飛ばしに行ったゲームもあるし、カードゲームフレンドもいるぞ。

世の中はクソだ。全くの不平等だ。モテる奴らへの憎しみを忘れないで生きていきたい。誰よりも長生きして年金で得をしてから死にたい。モテる奴らの子孫がヒイヒイ言いながら払った年金で絶対に得をしてやる。そう決意しながらいちごを狩って食べる。いちごが本当に不憫だ。

こうして、自分がいかに世の中から取り残されているのかを被害妄想しながらのいちご狩り体験となったのだった。その時付き合っていた女性には後日振られた。

娯楽が少ないこの町で

私の生まれ育った沖縄には娯楽が少ない。テーマパークなど当然ないし、電車も通っていないため車がなければまともに移動すらできない。観覧車なら少し前まであったのだが、とうとう取り壊されてしまった。自然豊かで景色は美しい。旅行先には最適だが、住むとなると若者には退屈かもしれない。出生率は全国一位だ。娯楽が少ない。

しかし決して悪いことばかりではない。映画館がある。現代はサブスクなどで数百本、数千本の映画が見放題だが、映画館で観るという体験はやはり貴重だ。

『シン・エヴァンゲリオン劇場版』が公開された時、私は初日の最初の回に行ったのだが、新型コロナウイルスによる公開延期の影響で、平日月曜封切りという珍しい公開スケジュールだったにもかかわらず、沖縄の映画館にもたくさんの人が集まっていた。普段とは違い、服装や佇まいから恐らくエヴァだろうなという感じの客層がなんとも味わい深かった。

上映後、同じ建物内に入っているフィギュア屋のテナントに向かったのだが、同じスクリーンで映画を観ていたであろう十人くらいの男達がぞろぞろついてきて、全く面識のない同志の存在に胸が熱くなった。当然話しかけたりはしなかった。


ベタな話だが、ヤクザ映画を観に行くと必ず数名は本職らしき人を見かける。この場合、ポップコーンすらまともに食えない。上映中に席を立つなどもってのほかだ。少しでも邪魔をしてしまうのが怖い。上映前にお手洗いには必ず行っておかなければならない。だがこれらは日本全国どこでもできる映画体験だろう。

沖縄の映画館では絶対に洋画の方が面白い。公開当時『アベンジャーズ／エンドゲーム』を観に行った。シリーズがここで一区切りとなる記念すべき作品であり、全世界興行収入歴代一位となった大人気タイトルだ。

公開初日に吹き替えで一回、翌日に字幕で一回鑑賞したのだが、沖縄には米軍基地があるため、たくさんのアメリカ人が同じ映画館にやって来るのだ。彼らのリアクションは日本人とは全く違い、コメディシーンでは声を出して笑い、アクションになると驚いたりする。これが非常に楽しかった。私は前日に一度観て内容を知っているので、「こいつらあのシーン喜ぶだろうなあ」などと考えながら鑑賞する機会というのは沖縄以外ではなかなか体験できないだろう。

それにしてもアメリカ人はいちいちリアクションが大きい。私と同じような、ゲームばかりしているタイプの人間でさえ表情豊かだ。私などは顔の筋肉が弛みきっているというのに。彼らと私とで一体何が違うのだろう。言語がそうさせるのだろうか。土地の広さなのか。広い家で育つと表情が豊かになるのだろうか。

関係ないかもしれないが、同じ日本人でもやはりお金持ちの子は表情が穏やかな気がする。そして真面目だ。私の知っているお金持ちの家の子達はどの人もしっかりしている。彼らはどうしてサボり癖がつかないのだろう。不思議で仕方がない。

お金持ちに関してもう一つ、昔から思っていることがある。お金持ちの家の子達は、誰も彼もみんなどうしてああも性欲が薄そうなのだろうか。彼らが異性に積極的なところを見たことがない。にもかかわらず絶対に恋人がいるのだ。あれはどういう仕組みなのだろう。世の中には不思議な出来事がいっぱいである。

以前テレビを点けると『ＳＡＳＵＫＥ』が放送されていた。巨大アスレチックに屈強な男達が挑むという人気バラエティ番組だ。このＳＡＳＵＫＥに挑戦していた筋肉隆々の男達の奥さんが揃いも揃って美人ばかりだったのだ。女性はなぜ汗をかく男に惹かれるのか。家で大量のゲーム機に囲まれてコントローラーをポチポチしているのはダメなのか。私だって腐ってもＹｏｕＴｕｂｅｒの端くれだ。少しくらい黄色い声援を浴びてもよさそうなものではないか。

結局学生時代から社会の構造は何も変わらないのだ。部活動に励む生徒が人気だったことと同じである。私は穏やかでもなければ汗なんかもかきたくない。

話が大幅に逸れた。なんの話だったか、本筋に戻そう。

沖縄は出生率が高い。

鈴木けんぞう お宝コレクション& 実況部屋大公開

1日は24時間らしいが
私は完全にずれている。
起きたらすぐゲームを始めて
眠くなったら寝る。24時間の
サイクルを無視した、そんな毎日。
朝型か夜型かとか聞かないでほしい。
この部屋には朝も夜もない。

刮目《かつもく》せよ！

私にとって一番なじみ深いゲーム、「ポケットモンスター ルビー・サファイア」に登場するホウエン地方のポケモン135匹。最近やっと飾るスペースを確保した。4畳半の壁一面にぎっしり。かなり圧がすごい。ポケモン同士のぎゅうぎゅう感もたまらなく気に入っている。心地いい部屋だ。

ディスプレイ

コレクションの一部をディスプレイケースに収めている。この下にもう2段あり、レアなフィギュアもぎっしり。専用照明でドラマチックに演出できる。私以外は誰も見ないが、ときどき入れ替えていい気分に浸っている。

フィギュアになりたい!!

私が好きなものはポケモンとゲームとフィギュアと、自分。真鍮《しんちゅう》製《せい》のコインは専門業者に500枚も発注してしまった。いつか自分のキャラのフィギュアを製造販売したいが、依頼がないので、とりあえず粘土と古布で手作りしてみた。

いつか世界大会へ

最近はポケモンカードもマジで一生懸命やっていて、公式の大会にも出場している。

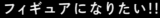

これが実況&作業部屋だ！

ゲーム実況コーナー

起きている時間はほぼここにいて、Netflixを見ながらひたすらゲーム。PCとゲーム機の熱で冬も暖房はいらないが、夏は地獄だ。実況の声がうるさいと言われて前の家を追い出されて以来、壁に防音パネルを貼るようになった。

Switch同時操作システム

Switchは壁掛け風に9台並べている。これをスマホで撮影したものをパソコンに取り込んで同時操作できるようにした。システムもさることながら、インテリアとしてもかなり高得点なんじゃないかと自負している。

16画面同時操作スタイル

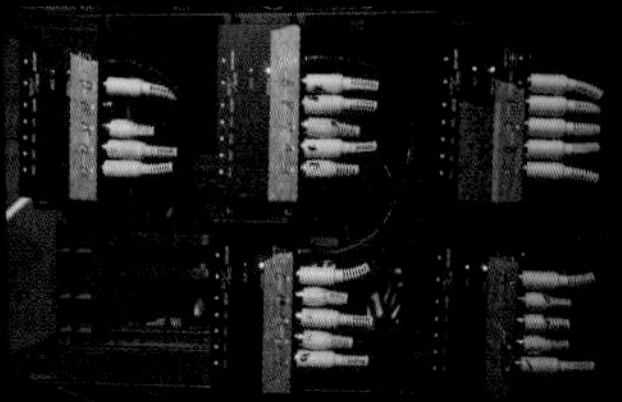

ゲームキューブ16台をPC1台につないで同時プレイ。画面を16分割して一気に遊べるので16倍楽しいし、16倍効率的だ。ゲームキューブ1台1台の電源を手動で立ち上げていくのが、私の仕事開始のルーティンでもある。

塗装用の机

フィギュアなどを塗装するためのブースも作ってしまった。エアブラシで塗料を吹き付けながら、同時に臭気を外に逃す仕組みだ。ゆくゆくはウォールラックみたいなものを買い足して塗料もきれいに並べたい。

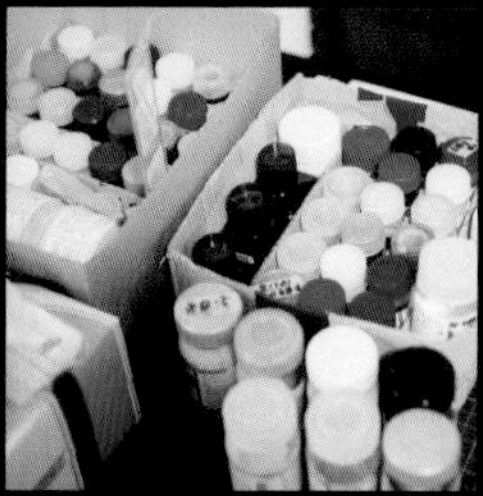

同時操作を可能にしたDIY装置

3DS10台同時操作の机

3DS1台で満足できない私は10台同時にプレイする方法を考えた。出来上がったのが、このいかつい装置。レバーを引くだけでボタンを押すことができ、ゲームのリセットを繰り返すことができる。レバーは“映え”のために派手めにしたが、おかげで遊ぶというより、モビルスーツを操縦しているような錯覚に陥る。

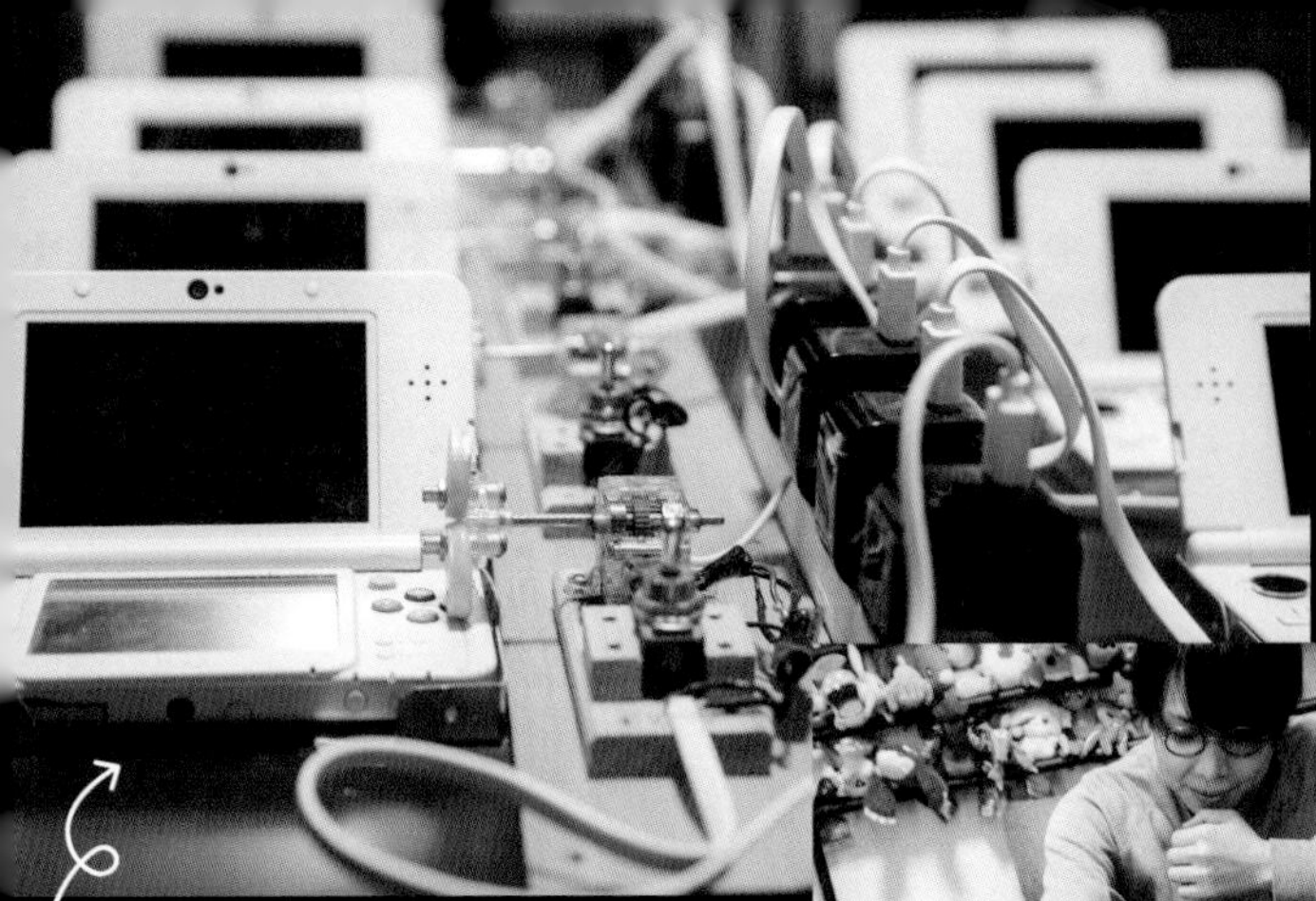

3DS10台A連打装置

レバー操作も楽しいがもっとラクしたい。全自動にできないものか。そこで低速ギアボックスを買ってきて、先端にAボタンを押す用のボトルキャップを付けた。スイッチを入れれば完全放置。私はなにもすることがない。

Aボタン連打機1台分

10台同時操作に満足した私は、逆に1台分の連打装置も作りたくなった。1台分ならばそれなりに投資もできる。フィギュアが入っているプレミアボールに押しボタン式のスイッチを埋め込み、こいつでオンオフする仕掛け。

草むらウロウロ装置

草むらをウロウロ→逃げる、という単純な繰り返し作業なら機械化できるんじゃないか、ということで発明。ペットボトルのキャップで十字キーを交互に押しながら、タッチペンを動かす。強すぎず、弱すぎない加減に改良した。

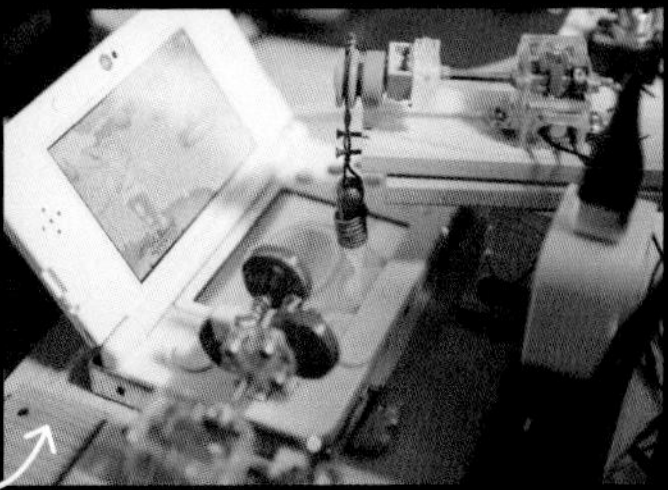

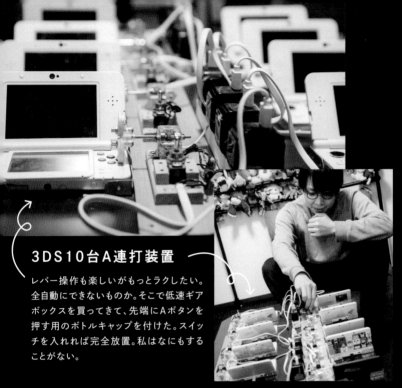

ゲームソフトコレクション&総プレイ時間

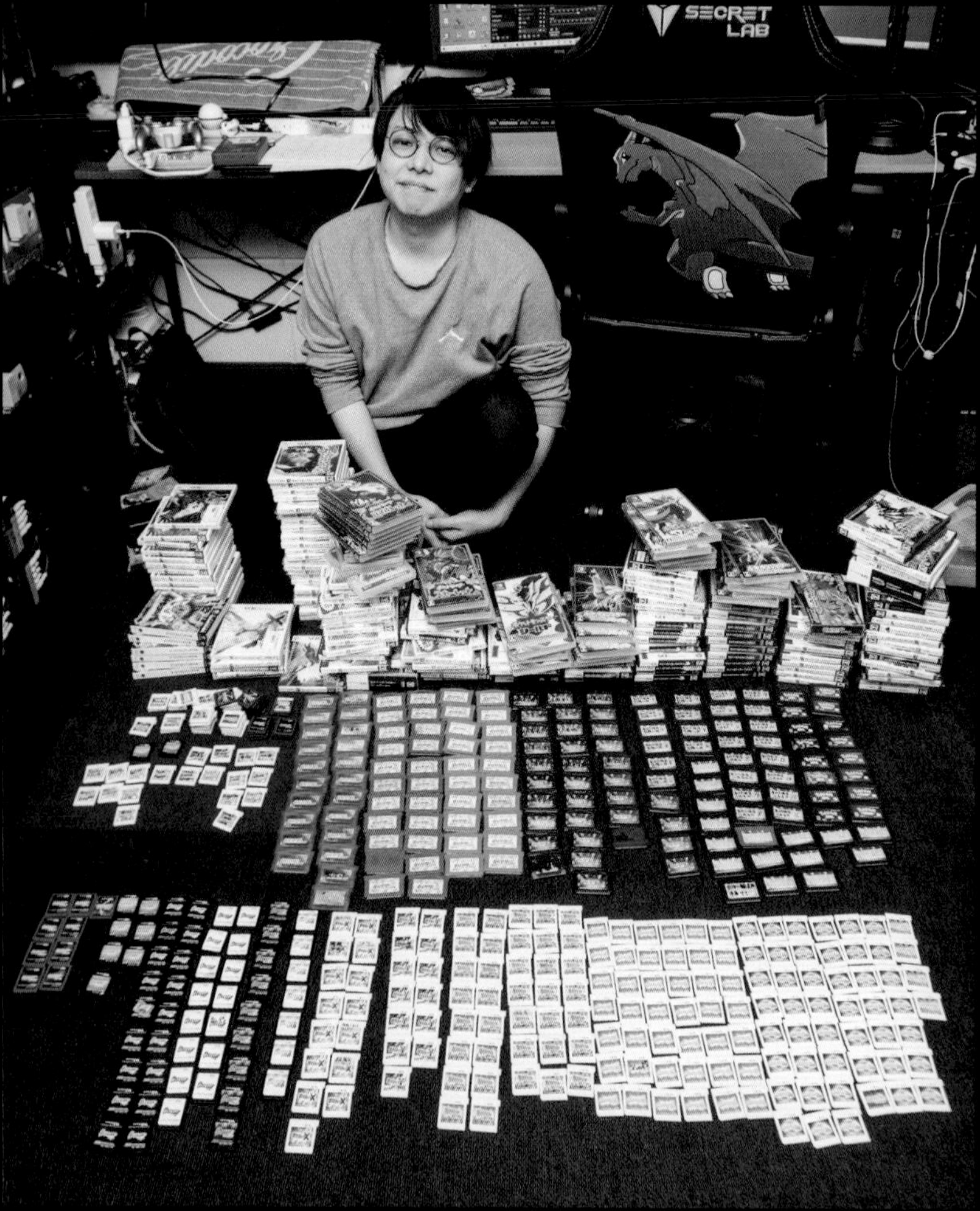

ぜんぶ並べてみた

「ポケモンソフト何本持ってるの?」と聞かれるたびに返事に困る。2019年に仕方なく数えたときは151本だった。当時は机の上に並べた記憶がある。それから約3年半。やっぱり聞かれて数え出したら6畳の床がほぼ埋まる勢い。合計で508本もあった。

※2022年12月時点

ソフト何本持ってるの??

①ポケモンSM …… 97本
(ポケットモンスター サン・ムーン)
②ポケモンルビサファ …… 93本
(ポケットモンスター ルビー・サファイア)
③ポケモンXY …… 49本
(ポケットモンスター X・Y)
④ポケモンORAS …… 48本
(ポケットモンスター オメガルビー・アルファサファイア)
⑤ポケモンFRLG …… 42本
(ポケットモンスター ファイアレッド・リーフグリーン)
⑥ポケモンDPt …… 40本
(ポケットモンスター ダイヤモンド・パール・プラチナ)
⑦ポケモンBW …… 35本
(ポケットモンスター ブラック・ホワイト)
⑧ポケモンエメラルド …… 22本
(ポケットモンスター エメラルド)
⑨ポケモンBW2 …… 19本
(ポケットモンスター ブラック2・ホワイト2)
⑩ポケモンUSM …… 18本
(ポケットモンスター ウルトラサン・ウルトラムーン)
⑪ポケモン剣盾 …… 12本
(ポケットモンスター ソード・シールド)
⑫ポケモンSV …… 12本
(ポケットモンスター スカーレット・バイオレット)
⑬ポケモンHGSS …… 11本
(ポケットモンスター ハートゴールド・ソウルシルバー)
⑭ポケモンBDSP …… 10本
(ポケットモンスター ブリリアントダイヤモンド・シャイニングパール)

スカーレットとバイオレットは
6本ずつある。他のゲーム実況者の
相場も知りたい。

総プレイ時間まとめ

※2022年12月時点

①ポケモン ルビサファ/エメラルド …… 約6,000時間
(ポケットモンスター ルビー・サファイア・エメラルド)
②ポケモン SM/USM …… 約3,000時間
(ポケットモンスター サン・ムーン/ウルトラサン・ウルトラムーン)
③ポケモン 剣盾 …… 約3,000時間
(ポケットモンスター ソード・シールド)
④ポケモン FRLG …… 約1,000時間
(ポケットモンスター ファイアレッド・リーフグリーン)
⑤ポケモン XY …… 約1,000時間
(ポケットモンスター X・Y)
⑥ポケモン DPt …… 約600時間
(ポケットモンスター ダイヤモンド・パール・プラチナ)
⑦ポケモン HGSS …… 約300時間
(ポケットモンスター ハートゴールド・ソウルシルバー)
⑧ポケモン SV …… 約300時間
(ポケットモンスター スカーレット・バイオレット)
⑨ポケモン ORAS …… 約250時間
(ポケットモンスター オメガルビー・アルファサファイア)
⑩ポケモン BW/BW2 …… 約200時間
(ポケットモンスター ブラック・ホワイト/ブラック2・ホワイト2)

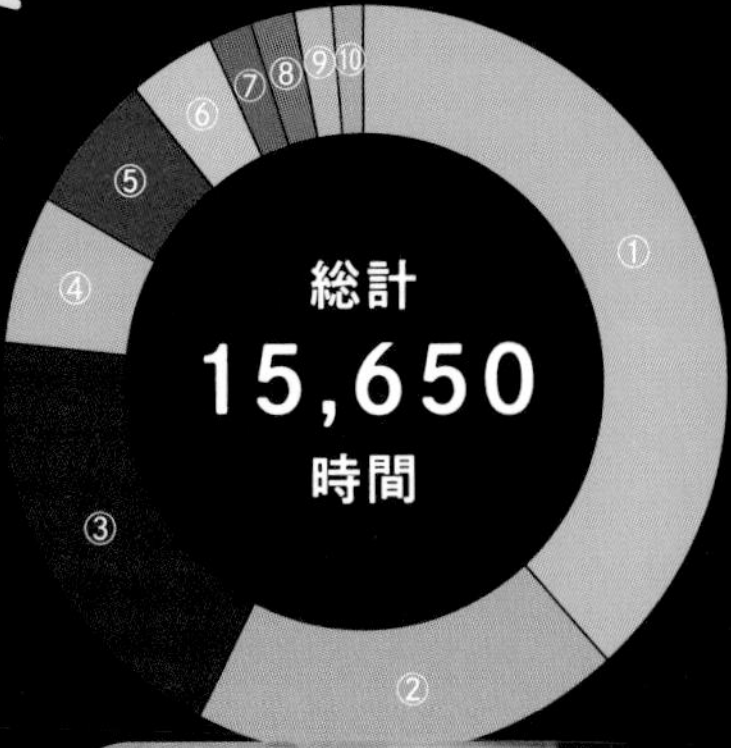

100均のケースに入れてラベリング。
ゲーム系の整理収納本も書ける。
ニーズがあれば。

辛い？ 楽しい？ けんぞう動画ランキング

時間がかかった動画TOP5

1位　色違い全国図鑑シリーズ
アローラ図鑑完成までに3,000時間以上
かかってしまった。大変だった。

2位　最初の草むらでレベル100
パーティ完成までに2,800時間かかった。
この時期はこれしかやってなかった。

3位　マボロシ島の色違いソーナノ
マボロシ島到達まで10ヶ月。
大変だったけど、たくさんの人に見てもらえてよかった。

4位　色違い真作ヤバチャ厳選
約700時間。Switch10台でやったが
実は1台で集中してやった方がよかった気がする。

5位　色違いアンノーンコンプ
2ヶ月で380時間、日割りすると1日6時間ほど。
起きてから寝るまでずっとやってた。

単純に辛かった動画TOP5

1位　色違い真作ヤバチャ厳選
700時間で動画が2本。専業YouTuberなので
動画にできない期間が長いと不安になる。

2位　【ポケモン剣盾】
御三家の色違いがでないって本当???
虚無を検証するのはしんどい。
終わっても得られるものがないので。

3位　【ポケモンFRLG】幽霊と8万回戦え!!!!!!
虚無を検証する動画シリーズその2。とにかく虚無は辛い。

4位　【悲報】Switchが壊れました…
壊れる瞬間を録画できていたので動画にした。
修理してもデータは復活しなかった。

5位　26歳独身男性のゆびをふる
ポケモンセンターのキャンペーンで店員さんに
ゆびをふったときの動画。1人は辛かった。

楽しかった動画TOP5

1位　【ポケモンDP】守るを貫通するバグがあるらしい…

検証の結果、海外版でのみ発生する現象を突き止めた！
ポケモン研究者になった気分。

2位　【ポケモンDP】没ポケモンと遭遇する裏技がすごすぎた…

編集でごまかして嘘裏技をエイプリルフールに公開。
すごくたくさんの人をだませた。

3位　架空のポケモンパンを作りたい!!!!!

沖縄に売っていないので自力で作ろうという動画。
編集も楽しかったので見てほしい。

4位　【ポケモンRSE】色違いヌケニンをマスボに入れたい!!!

この辺からボールに拘るということを覚えた。
貴重なポケモンが好き。

5位　色違いのミュウに遭遇した!

過去に配布されたレアアイテムが残っているデータを探して、中古ソフトを大量に買い込んで当たりを引いた動画。私のYouTubeはこの辺から本格的にコレクター方向に走り始めた。

ラクだった動画TOP5

1位　【ポケモンRSE】バトルタワーにも色違いは存在する

生放送の切り抜きを動画化しただけのやつは
だいたいラクだ。

2位　ポッチャマ大好きキャンペーンの闇

実写でしゃべる感じの動画もだいたいラク。

3位　ポケモン色違い廃人の部屋紹介

引っ越し中にカメラを回していたのを編集するだけ
だったので。部屋も片付いてラッキー。

4位　【ポケモン剣盾】人の色違いを奪え!!!!

運よくすぐ色違いが出たのでラクだった。

5位　【自作】自分のフィギュアを作る22歳独身男性

そんなに時間がかからなかったし楽しかった。
1日か2日で動画は完成した気がする。

昔も今も仮面ライダー一筋

2歳頃の私。実家にて

我が人生年表

1996年 7月 誕生

2003年 7月 ポケモンと出会う

2005年 中耳炎になって水泳からバスケに転向

2008年 8月 大人も間違えることを知る

2009年 友達と手作りYouTube活動を始める

2012年 マヤの予言に踊らされる
苗字が変わってゴタゴタする

2013年 仮面ライダーに憧れ、
ジュノンボーイを志す

2014年 3月 ボリビアへ行く

2015年 4月 4年制の大学に入学(1年で辞める)
12月 1本目の動画を作り始める

栄光と挫折を知ったバスケ

宮古島の祖母宅で。
祖母が誕生日にくれたゲーム機が
私の人生を決定づけた

©よしもとミュージック・
松本人志,高須光聖
「放送室1」〜「放送室10」
全シリーズ

松本人志さんのファンで、
松本人志さんと高須光聖さんの
ラジオ番組『放送室』のCDは
全部持っている。

ボリビア旅行中の私

今は亡き愛猫「まさとし」

2016年 4月 女子短大に入学
動画投稿開始
5月 突然バズる
2018年 3月 色違いミュウ「すずちゃん」と出会う
4月 保育士兼YouTuberになる
12月 チャンネル登録者数10万人突破
2019年 3月 保育士生活終了
4月 家を追い出されて車の中で生活
2021年 1月 愛猫「まさとし」と出会う
2022年 1月 ゲームキューブが16台になる
8月 沖縄から引っ越し
10月 チャンネル登録者数50万人突破

チャンネル登録者数
10万人でもらった
「銀の盾」

©石森プロ・東映

©石森プロ・東映

仮面ライダーの変身ベルト。
大人用に販売されるようになった

©石森プロ・東映

思い入れの強いフィギュアは
大人になって買い直している

60の質問＋α

1 ▸ 名前　**鈴木けんぞう**

2 ▸ 名前の由来は？

覚えやすい読みやすい名前がいいですわ！

3 ▸ 性別　**男**　4 ▸ 誕生日　**7月14日**　5 ▸ 年齢　**26歳（2023年1月現在）**

6 ▸ 身長　**172cm**　7 ▸ 視力　**全然見えん**　8 ▸ 利き手　**右**

9 ▸ 足のサイズ　**28cm**

10 ▸ 血液型　**A**　11 ▸ 出身地　**沖縄**　12 ▸ チャームポイント　**肩幅**

13 ▸ 中学時代の部活　**バスケ部のち帰宅部**　14 ▸ 高校時代の部活　**帰宅部**

15 ▸ やったことあるアルバイトは？

ドーナツ揚げてた。日雇いも色々やったけど深夜のバイトは大体楽だった。

16 ▸ 趣味は？

動画でやってることはほぼ趣味ですわ！

17 ▸ 特技は？

中学の時ルービックキューブの揃え方丸暗記しましたわ！

18 ▸ 家族構成は？　**沖縄に母と妹がいますわ！**

19 ▸ ペット飼ってる？

猫飼ってましたわ！ まさとし！

20 ▸ 好きな食べ物は？　**グミ**　21 ▸ 嫌いな食べ物は？　**柔らかく炊いた米**

22 ▸ 好きな飲み物は？　**コーラ**　23 ▸ 嫌いな飲み物は？　**牛乳**

24 ▸ 好きな色は？　**緑**　25 ▸ 好きな季節は？　**春、秋**

26 ▸ 行ってみたい場所は？

家にいたいですわ！

27 ▸ 得意料理は？　**米を硬めに炊くこと**

28 ▸ 好きな教科は？　**数学B**　29 ▸ 好きなテレビ番組は？　**『サワコの朝』**

30 ▸ 好きなドラマは？ **『リーガル・ハイ』**

31 ▸ 好きな映画は？ **『貞子vs伽倻子』**

32 ▸ 好きなアニメは？

ポケモンですわ！

33 ▸ 好きな漫画は？ **『アフロ田中』『デトロイト・メタル・シティ』**

34 ▸ 好きなゲームは？

ポケモンですわ！

35 ▸ 好きなキャラクターは？ **クラウザーさん**

36 ▸ 好きな方言は？ **関西弁**　37 ▸ 初恋は何歳？ **覚えてないですわ！**

38 ▸ どんな人がタイプ？ **お姉さん**　39 ▸ 結婚願望はある？ **ある**

40 ▸ 好きなアーティストは？ **宇多田ヒカルさん**

41 ▸ 好きなお笑い芸人は？ **有吉弘行さん**

42 ▸ 好きな俳優は？ **キアヌ・リーブスさん**

43 ▸ 好きな女優は？ **長澤まさみさん**　44 ▸ 好きなYouTuberは？

鈴木けんぞう

45 ▸ 貯金してる？ **この本が売れたらしますわ！**

46 ▸ 尊敬する人は？

社会人みんな尊敬してますわ！

47 ▸ 部屋の中でお気に入りのものは？ **いい椅子**

48 ▸ コレクションしているものは？ **フィギュア**

49 ▸ 今まで人生の中で一番頑張ったこと

これから頑張ればいいですわ！

50 ▸ 今まで世に出していないプチ情報

先月の年金まだ払ってないですわ！

51 ▸ 自分の直したいところは？ **サボり癖**

52 ▸ 似てるって言われたことがある芸能人は？

ニューヨーク屋敷さん、さらば青春の光東ブクロさん、阪神髙山さん

53 ▸ 生まれ変わるなら何になりたい？ **米津玄師さん**

54 ▸ 100万円あったら何に使う？

とりあえず先月の年金払いますわ！

55 ▸ 10年前の自分に声をかけるなら？

生意気なクソガキなんで喋りたくないですわ！

56 ▸ 10年後の自分に聞きたいことは？

絶対に面倒くさいジジイなんで喋りたくないですわ！

57 ▸ 一度やってみたい仕事は？

仮面ライダー

58 ▸ 挑戦したいことは？

断食

59 ▸ 子どもの頃の夢は？

週休3日で月収50万

60 ▸ 将来の夢は？

年金で得をすること

61 ▸ 最後に一言！

KADOKAWAの偉い人！重版頼みますわ！

※掲載されているアイテムは、全て本人の私物です。お問い合わせはご遠慮いただきますようお願い申し上げます。

第3章

ありのままの日々

悩み相談

人は誰しも少なからず悩みを抱えているものだ。生きているだけでも考えなければならないことは多々ある。住民税、確定申告、家賃の支払い……。あまりにもお金の管理が下手すぎて、この間など税金を凄まじく過払いしてしまっていた。返金されるまでの間本当に苦しい生活だったうえ、なぜか国税局の人に電話で怒られた。たくさん払ったのに。

一人暮らしなど始めるともう大変だ。初めて実家を出た時、風呂場で使う椅子の値段に驚いたものだ。あんなものに私の貴重な紙幣を使ってたまるか。

お金の話ばかりになってしまった。子どもの頃は、お金と健康の話しかしない大人の会話は退屈だったが、最近は気づくと身を乗り出して聞いてしまっている。

インターネットで活動していると、悩みを相談されることがなぜかよくある。ゲーム動画をあげているだけの人間に一体どんな幻想を抱いているのか。私の方が相談させてほしいくらいである。世の中は分からないことだらけだ。年末調整、所得税、年金……。沖縄出身の私には電車の乗り方すらよく分からない。

しかし悩み相談のメールはよくあるもので、そしてこれらは私のような動画配信者にとって雑談のネタとしてピッタリだった。よって大抵のインフルエンサーは学生の人生相談に乗っている。そして毒にも薬にもならないゴミのようなアドバイスをするのだ。「好きな人がいるのですが自信がありません。どうしたら良いですか?」と聞かれれば「自信持って!」などと答えるのだ。こんなアドバイス、何も答えていないのと同じだ。これで大金を稼いでいるのだから許せない。これは嫉妬ではない。

今や恋愛マスターやお金持ちを自称するインフルエンサーさえいる。まさに人生相談系YouTuberである。恋愛経験豊富などと自称する人間を信用してはならない。彼らの多くはただ見てくれが良いだけであり、深い付き合いをすると化けの皮が剥がれるため、交際しては別れてを繰り返し、結果として経験が豊富になっているというシステムだ。見てくれが良いだけでたくさんの人と交際して良い思いをした上、この経験をお金に換えているのだから許せない。ちなみにこれも嫉妬ではない。

私もＹｏｕＴｕｂｅｒの端くれであるため、昔学生からの悩み相談メールを生配信中に受け付けるということをしていたのだが、配信が終わった後、興味深い連絡をもらったことがあった。「僕はこういった学生の相談に乗るのが得意だから、メールを横流ししてくれ」というものだった。

悩みを聞いてほしい人間もいれば、相談に乗りたい人間というのも多いようだ。この場合は相談に乗りたいというよりは恐らく、自分より下のものにアドバイスすることで承認欲求を満たしたいということだろう。そしてこのメールから彼が普段あまり慕われていないであろうということが分かる。アドバイスが得意だと自称する人間に、解決できる悩みなどないからだ。お前に相談することなどない。あっち行け。

しかしこの男と比べると、もしかしたら人生相談系ＹｏｕＴｕｂｅｒ達などは実は、純粋に相談に乗りたいという人間なのかもしれない。私が勝手に悪い方へ悪い方へと解釈してしまっていただけで、彼らは心から人の恋愛の成功を願い、投資や貯蓄の成功を祈り、我々に知恵を貸してくれようとしていたのかもしれない。もしそうであるとすれば私が悪かった。誰か私の相談に乗ってくれ。嫉妬深い性格なんですがどうしたら良いですか？

小金持ちのおばさん

ＹｏｕＴｕｂｅｒなどしているとすっかり体が鈍ってしまう。自宅で仕事をしている人は大体そうだろうが、朝起きて夜眠るまでずっとパソコンに向かっている生活なので、ぶくぶくと太っていく。いい加減運動をしなければならない。本当に面倒くさい。そこにあるリモコンですら、動かなくて済むなら足で引き寄せる私のような人間にとって運動は苦痛でしかない。動かず痩せることができるならそれが一番良い。

「ダイエット」でネット検索すると、大量の情報が表示される。ダイエット系ＹｏｕＴｕｂｅｒなんて人もいるくらいだ。ＳＮＳでも定期的にダイエット関連情報がバズっている。ダイエットは金になるのだ。ある人は鶏肉を食えと言い、ある人は何も食うなと言っている。何が正しいのか分からない。ここにステルスマーケティングなどの手法も入り乱れ、もう訳が分からなくなっているのが、現在のダイエット界隈だ。

せっかくインターネットがあるのに私はどうやって痩せれば良いのか。インターネットがあてにならないため、大変不本意だが仕方なく運動をすることにした。有酸素運動というのがいいらしい。酸素を使うといいのか。よく分からない。息でも止めろということか。歳をとると全く痩せなくなっていってしまう。昔大人が嘆いていた気がする。「ふーん、ばかだね。普通に生活していたら太らないのに。私は絶対に太らないよ」などと思っていた。時間の流れとは恐ろしいものだ。私はすっかり大人になってしまった。太っていなければ大人ではない。テレビに出ているような芸能人などは大人ではない。大人が太らないはずがない。

最近はネットでも太った太ったと指摘されている。デリカシーのない人間達め。こういう奴らが誹謗中傷をするのだろう。全く許し難い輩どもだ。オブラートに包まれていない、真っ直ぐな意見は刺さる。小太りで肌艶がいいため、私は漫画やアニメに出てくるような小金持ちのおばさんのような風貌らしい。昔はジュノンボーイに憧れていた。今は小金持ちのおばさんだ。運動せねばならない。

脂質制限だの糖質制限だの全く頭に入ってこない。筋トレオタクに聞いても何やらプロテインがなんやら、ささみ肉がなんやらやかましい。私はただ健康的に痩せてジュノンボーイになりたいだけなのだ。情報過多時代の弊害だ。面倒くさいから脂肪吸引でもしてもらおうか。

情報過多の弊害はここだけではない。例えば私はゲーム動画で生活しているが、ゲームの攻略情報についても攻略サイトが大量に出てくる。動画サイトにおいても同じだ。誰かが発信した情報を別の誰かがまとめ、さらに他の誰かがまとめ……。最悪のループだ。過去に私も巻き込まれたことがある。私の発信した情報が意味不明のサイトに取り上げられ、意味不明なサイトのまとめ動画が作られ、意味不明まとめ動画のまとめ情報がＴｗｉｔｔｅｒに投稿され、私の視界に入ってくる。

みんな稼ぐために必死だ。何かとっかかりを探しているのだろう。記事の数を稼いで少しでも閲覧数を伸ばしたいという魂胆だと考えられる。気持ちはよく分かる。

動画投稿者はみんなそうだ。毎日投稿などしている人達は本当に尊敬する。私にはとても無理だ。信じられない。きっと彼らはたくさんお金を稼いでいるのだろう。そして食事などに時間を割いている暇もないのだろう。彼らのもとにはお金も貯まるし見た目もシュッとしたままなのだろう。片や私はお金も貯まらずぶくぶく太っていくのだ。にもかかわらず見た目は小金持ちのおばさんキャラだ。なんと皮肉なものか。

結婚できない男？

先日友人の結婚式のために、地元沖縄に帰った。県外への引っ越しからわずか三週間での帰郷であったため、懐かしさなどは全くなかったのだが、やはり沖縄は車社会だ。まだまだ蒸し暑い十月の沖縄を徒歩で移動するのは大変だった。汗かきの私には辛い。ダラダラと体中の水分を放出しながら移動するが、途中で諦めてタクシーを拾ってしまう。私は自分に甘い。私は悪くない。汗だくの男を見た運転手に嫌な顔をされつつ、車の偉大さを感じるのだった。

私が出席した披露宴はまさに沖縄といった感じの内容であった。広い会場に三百人もの出席者が集まり、男性はスーツでなくかりゆしウェアを着ている人も多い。堅苦しいマナーなどは必要なく、ゆるゆるの、同窓会のような雰囲気だった。懐かしい同級生が話しかけてくる。私は動画投稿で食っている身だ。芸能人にはほど遠くとも、多少の雑談くらいなら普段から動画でよくしている。この会話は私が指揮を執ろう。任せてくれ。自信満々に口を開くが聞かれたことにどう返せばいいのか分からない。私が普段している のは所詮独り言だ。誰ともコミュニケーションなどとっていない。一人で勝手に喋り、したい話を自由にしているだけだ。雑談力では彼らの方が圧倒的に上だった。彼らは一つ質問されれば二つくらい盛り上げて返してくる。冗談を挟む余裕さえある。これを相手の目を見て自然な表情でこなすのだ。マルチタスクにもほどがある。何台のコントローラーを使えばそんな操作が可能になるのだろう。

私が表情筋に集中すれば、会話の内容など入ってこない。私の脳みそでは一つの動作で限界だ。一体どこでそんなスキルを学べるのか。四大卒だと会話の講義があるのだろうか、短大卒の私には分からない。口をパクパク動かしながら聞かれたことには真面目に答え、ぎこちなく気持ち悪く微笑むので精一杯だった。

それに加えて彼らはみんなすらっとした格好いい大人になっていた。いかにも健康に気を遣い、適度な運動をして過ごしていますといった出立ちだ。私は完敗だった。私の見てくれといえば小金持ちのおばさんといったところか。

彼らならこの十月の沖縄を徒歩で移動し切ることなど容易いだろう。途中でタクシーを拾ったりしたら、きっと罪悪感に苛《さいな》まれるほどの高潔な人間であることは間違いない。私などむしろ最初からタクシーを拾うつもりで歩いていたというのに。タクシーなんてものが存在する社会が悪い。私は悪くない。

私はコミュニケーションが苦手だ。何を話していいか分からずつい自虐に逃げ込んでしまう。笑ってもらおうと思い自虐するのだが、相手からすれば迷惑な話だろう。

以前も自虐で怒られた。叔父に仕事のことを聞かれた際、自分の仕事など履歴書にも何も残らなければ安定もしない、無職と大差ない、などと卑下していたのだが、そんなことなら辞めてしまえと不愉快にさせてしまったのだった。私はてっきり笑ってもらえると思っていたので驚いた。聞き手の気持ちが分からない。

社会人はどうやって会話を組み立てているのだろう。取引先とのメール連絡の文面などもよく分からず、！マークなどを使ってしまう。社会人というのはなぜあんなにも簡単に電話を使えるのだろうか。顔も見えない相手とまともに会話できる気がしない。敬語はどこで習うのだろうか。上座だの下座だの、乾杯の時のコップの高さだの、私は何も分からない。それもこれも私は全く悪くないのだ。幼少期に教えてくれない教育が悪い。ひいては国が悪い。

経歴も貯金もなく、コミュニケーション能力もなく、人の気持ちも分からないが、開き直り方だけは知っている小金持ちのおばさんが今、この文章を打っているのだ。

懐かしさと劣等感を感じて、それでも周囲の人々のおかげで楽しく過ごせた披露宴を後にし、汗だくの帰り道。私が結婚できる日は来ないことを悟った。

スーツを買いに

先述の結婚式に招待された私がまずやらなければならなかったことといえば、スーツを買いに行くことである。私のような人間は礼服など持っていない。成人式の時に着ていたものがあった気がするが、当時の時点ですでにパツパツであったためこれは持っていないことにした。

私はこれからスーツを買うのだ。なんて大人なのだろう。自分で稼いだお金でスーツを購入する。ああ、大人だ。道中おばあさんに道でも聞かれようものなら、私はきっと大声でアピールしただろう。「おばあさん、私はこれからスーツを買いに行くのです。その途中までで良ければ案内しましょう。スーツを買いに行くこの私が」。今日ばかりは職務質問してほしいくらいである。すれ違うあらゆる人々に「スーツを買いに行くんだ」と思われたい。

そもそも普段の服さえまともに買うことのない私だが、今回ばかりはははりきって一万円札一枚を握りしめて近所のデパートへ向かった。スーツなんてどこで買えば良いのかすら皆目検討もつかないが、あんなに大勢の人々が当たり前に着ているのだから、デパートへ行けば手に入るだろう、というのが私の優秀な脳内コンピュータが弾き出した完璧な計算だ。私のデパートにおける信頼は尋常ではない。とりあえずデパートへ行けばなんでも手に入るという考えは、まさに田舎者特有の思考回路だ。

ユニクロやGUも見て回ったがさすがにスーツは置いていない。カジュアルスーツなどといったみてくれだけはそれらしいものもありはしたが、私はそこまで馬鹿ではない。ユニクロにスーツは期待していない。念のため見回っただけだ。本当だ。

それにしてもどうして服屋の広告モデルはこうも外国人ばかりなのだろう。ビシッと決まったモデルさん達の着こなしに何度騙されてきたことか分からない。彼らに比べれば私などジャガイモである。ああいった広告もジャガイモが務めてくれれば参考になるのではと思ったが、ジャガイモに似合う服などないということに今、気がついてしまった。世知辛い世の中である。

さて、無事にスーツ屋を発見し、店員に捕まった。計画通りだ。あとは適当に見繕ってもらうだけでいいのだ。

前述したが、私は異様に肩幅が広い。何もしていないのに水泳選手のような肩幅をしている。以前友人達と集合写真を撮った際、隣に並んだ友人の一・五倍くらい大きくて恥ずかしかった。私はジャガイモの水泳選手なのだ。

スーツ屋の店員はこのことを指摘してくる。しかしこれも計画通りだ。私が適当に選んだスーツでは上半身と下半身とでチグハグになってしまうこと請け合いだ。彼に任せればなんとかなるだろう。適当に愛想笑いしながらできるだけ長く使えるものをオーダーした。

店員が数着のスーツを持ってくる。なんて優雅な時間なんだ。ジョン・ウィックになった気分である。このあとの展開は知っている。小汚い裁縫屋のおばさんに硬貨を渡して裏口に通され、武器ソムリエと銃のテイスティングをするのだ。世の中のサラリーマン達はみんなジョン・ウィックだったのか。

ネクタイもワイシャツも持っていないので、それらも適当に持ってきてもらう。スーツを買おうとしているのだ。多少出費が増えようともはや誤差の範囲だろう。構わない。私は器と肩幅のでかいジャガイモだ。ローファーはさすがに成人式のもので間に合うだろう。サンダルで来店しているような客は私だけだった。

会計額をみて驚愕《きょうがく》した。四万円⁉　一体どうしてそんなことになってしまったのだろう。世の中のサラリーマン達は皆、毎日こんなに高価なものを身に纏い、仕事に励んでいるというのか。中学の時のジャージや高校の体育着で仕事をしている自分が情けない。誰も私を見ないでくれ。スーツを買って帰るところなどとは絶対にバレたくない。

会計まで来てワイシャツとネクタイをキャンセルした恥知らずのジャガイモは、手に入れたスーツを片手に、背中を小さく丸めて家路に着くのであった。

たった一つの願いは

こんなことを書くと怒られてしまうかもしれないが、私は政治にあまり関心がない。自分のことで精一杯だ。年金やら税金やらをなしにしてくれる政治家でもいれば別だろうが、そんなことはありえない。インターネット上でも熱心に政治的活動をしている人々を見かけるが、よくそこまで熱を持てるなと、どこか一歩引いた目線で見ていた。政治が自分の生活に及ぼす影響について、鈍感なのだろう。しかしこの私でも政治に関心を持たざるを得ない出来事があった。

レジ袋の有料化である。コンビニなどで何度不便を強いられたことか。大量のスナック菓子を両手に抱えて帰る恥ずかしさを政治家の先生達は知らないだろう。私のような血管の一本一本がコンビニ弁当で作られている人間には大変な手間である。セルフレジでも袋は店員にもらわなければならない場合もあるのだ。なんという無駄。このコロナ禍に、

「レジ袋は有料ですがお付けしますか」と言う余計な会話を一つ増やしてまで、削減しなくてはならないプラスチックだったのか。削減するのは割り箸に入っている爪楊枝からではいけなかったのか。環境大臣よ。読んでいるか。

私はレジ袋有料化以前より、折り畳み式のカゴを買おうか迷っていた。エコバッグはごちゃごちゃして気に入らないのだ。私の家ではどうせシワになって恥ずかしくなり、使わなくなるのがオチだろう。折り畳み式のカゴを軽自動車の助手席に置いておきたい。しかし有料化以降は買い渋っている。カゴを買うことでレジ袋有料化政策が正しかったことになってしまう気がして悔しいのである。

レジ袋有料化政策を行った当時の環境大臣は見た目もシュッとして格好良く、実家はお金持ち。高い車に乗って美味い飯を食い、綺麗なお嫁さんももらって、私にないものをそれだけ持っているというのに、その上私からレジ袋まで取り上げようというのか。無慈悲な世界だ。家とコンビニを往復するだけのＹｏｕＴｕｂｅｒには世知辛い。かくなるうえは私が政治家にでもなるしかないのだ。

政治に大して関心もなかった若者の、一世一代の頼みである。私のような社会不適合者をどうか見捨てないでほしい。

私は普段ゲーム機を複数台同時操作してゲームをプレイし、動画投稿をしている。ニンテンドーゲームキューブなら十六台、ニンテンドースイッチなら十台同時に使用する。電気代は普通の家庭より明らかに多い。ＳＤＧｓからはほど遠い。私のような人間が消えれば、余計なことを書く者も消せて、地球温暖化も防止できるため、一石二鳥だ。私は国に消されるかもしれない。

ならば環境大臣よ、あなたがステーキが食べたいと公言した際、牛の排出する温室効果ガスが温暖化の原因に云々、と記者に突っ込まれているのをワイドショーで見た。私もステーキが大好きだ。そして私はそんなくだらない揚げ足はとりはしない。おばさんのような見た目でだらしなく、家は母子家庭。軽自動車に乗ってコンビニ弁当を食い、普段一人で過ごしている私に、最期にどうか、ステーキを奢ってくれないだろうか。

今も昔も

最近「老害」という言葉をよく見かける。読んで字の如く老いて害をなす者のことを指したネットスラングだが、今や一般的に広く使われている。必要以上に若者をこき下ろしたり、前時代的な立ち居振る舞いをする者を、侮辱混じりに老害と呼ぶのだ。

これは何も年寄りを指してのみ使われる言葉ではない。例えばインターネットが普及し、誰でも手軽にアダルト動画を視聴できるようになった現代に対して「今の若者は苦労を知らない。俺の時代は河川敷でエロ本を～」などと曰っていたらそれはオカズ老害だ。便利な時代になったことを素直に喜べる大人でありたいものだが、素直でいることは結構難しいのだ。

それだけでなく、昔話ばかりしているような人のことも老害と呼ぶらしい。確かに、「昔は良かった」という話ばかりする大人はなんだか嫌われていそうだ。貧乏自慢にワル自慢。

私は先日二十六になった。アラサーである。同級生達は肩を落とし、もう若くないなどと意味不明なことをほざいているが、私はそうは思わない。二十六は若いではないか。三十でもまだ若い。二十一くらいから年齢を数えるのをやめてしまったので、不意に歳を聞かれても咄嗟《とっさ》に答えられないことがある。同年代の人達が、「最近の高校生は～」などと話していても、全く共感できない。どこか高校生側に立って話を聞いている自分がいるのだ。

つい最近まで高校生だった気がする。もう十年近く前になってしまったのか。こうやって立ち止まって振り返ってみると本当に恐ろしくなる。私は一体何をやっているのか。あの頃の同級生達は各々家庭を持ち、仕事に励んでいる。片や私は部屋で一人ゲームをしているのだ。周りが結婚していくにつれ、遊びに誘う頻度もぐんと落ちてしまった。今後は子どもが誕生したりしていくのだろう。そうなるとますます誘いづらいではないか。昔はあんなにいつも一緒にいたのに。毎日遊んでいても全く飽きなかったというのに。

昔は良かった。学生の頃はお金もなかったので、歩いてどこへでも行ったものだ。涼しい公園などを見つけては、やることもないので何時間も居座ったりした。あの頃は良かった。今の若者は全くなっていない。私たちの頃のように、たくさん歩くべきではないか。どこへいくにも電車だのバスだのけしからん。軟弱者ばかりである。大体年上に対する口の利き方がなっていない奴らばかりじゃないか。絶対に席を譲ってほしい。我々を労わってほしい。優しくしてほしい。パワハラもセクハラも容認すべき。我々もしてたんだから若手も残業しろ。飲み会には絶対参加しろ。

全く収拾がつかなくなってしまった。少しはしゃぎすぎた。世の中にはこれを本気で言っている人達がいるらしい。こうはなりたくない。

インターネットの世界にすら懐古主義的な立場の人達が存在している。彼らが言うには昔のインターネットはお金の匂いがしなくて楽しかったらしい。果たしてそうだろうか。お金の匂いがしなかったのではなく、全てが違法アップロード、ダウンロードで成り立っていただけではなかろうか。よく思い出してみてほしい。大量の★マークが並んでいなかっただろうか？［動画1］［動画2］［動画3］……こんな大量のリンクが用意されていないなかっただろうか？　動画サイトに映画がまるまる一本違法アップロードされていなかったか？

いや、今でも人気のバーチャルＹｏｕＴｕｂｅｒがアダルトビデオを違法ダウンロードして炎上していたりする。今も昔も特に変わらないのかもしれない。

社会不適合者の生存レース

動画投稿がお金になるようになったのはいつからだろう。

私が中学生の頃、将来なりたい職業を聞かれて答えに困ったものだ。なぜなら私は働きたくなかったから。なるべく労働をせずに、なるべくカロリーを使わずに生きていきたいと思っていた。今でも思っている。働きたくない。

可能な限り時間を持て余し、必要最低限の稼ぎで暮らしていきたいというのは人間全員が共通して考えることではないのだろうか。最近出会ったある企業の広報の人はずっと仕事をしていたいと話していて驚いた。休みなく働いてお金を稼いで偉くなりたいという。私には持ち合わせていない感覚だ。案外そういう人も多いのかもしれない。実際、私のこれはまともな職ではない。動画投稿で生活しようなんていうのは、博打もいいところである。私のような人間の持つ感覚が一般的であるとはとても思えない。ＹｏｕＴｕｂｅｒは全員ネジが外れている。

と言いたいところだが、実際はそうでもないらしい。毎日決まった時間に生放送をし、毎日決まった時間に動画を編集・投稿し……という生活を送っている奴らも大量に存在している。一体どうしてそんなことになってしまうのか。彼らならきっと普通の社会人としても上手く生きていけたことだろう。私のような社会不適合者が最後に縋り付くインターネットを、彼らのようなまともな大人達が器用に使いこなしている。信じられない。ましてそんな人達が自分よりも人気であったりすると、それはそれは大きな敗北感とてつもない自己嫌悪に陥ることがある。私は現実社会でもネット世界でも彼らに敵わないのか。くそ、せめて炎上でもしてくれ。浮気がバレろ。脱税しろ。私に逃げ道を作ってくれ。

なるべくライバルは少ない方がいい。ちゃんとした人達はまともな人間社会に帰ってほしい。インターネットは私たち社会不適合者に任せてもらえないだろうか。私と同じタイプの人間がネット上でいくら人気を博していようと、さして嫉妬心は湧き上がらない。なぜなら彼らは社会不適合者だから。これは社会不適合者の生存レースなのだ。財布の中に一万円しか入っていないような人間達が集まって、丁だの半だの賭けているからこそこの賭博は面白いのだ。大富豪が五千円負けたからなんだというのだ。その後の生活になんの支障もきたさないではないか。私が五千円負けようものなら今月は水で凌ぐことになるのである。

とりあえずは今月も、この博打に勝てた。ここまでなんとか生活できている。こんな暮らしをあと四十年弱も送らなければならないらしい。恐ろしい人生だ。

だがこれでいい。その名はＹｏｕＴｕｂｅ。希望の船…。この悪魔的な博打。ローカロリーで楽しく暮らせるなら僥倖《ぎょうこう》。そのためにも、動画編集をしなければならない。今日…今日だけ頑張るんだ。ざわ…ざわ…

数字がすべてじゃない

以前、ファスト映画というのが問題になっていた。映画のあらすじを結末まで短くまとめた動画が流行っていたのだ。動画制作者は著作権侵害などで何億もの賠償金を請求されているという。

最近はコンテンツの消費スピードが上がっていると言われている。流行り廃りの移り変わりが激しいらしい。これも動画投稿サイトなどの影響なのだろうか。

若者の四十六パーセントが映画を倍速再生で視聴するというデータが話題になった。ソースはさっきやっていたテレビだ。ここではこうしたデータの引用元などを参照するつもりは毛頭ないため、話半分に読んでもらえたら嬉しい。とにかく、ネ〇リーグが言うには倍速で映画を観る若者は珍しくないらしいのだ。

これは本当だろうか。私は日頃からこういったデータに疑いの目を向けてしまう。統計学などに明るいわけでは全くない。そのような賢い人間はきちんとデータの引用元を明らかにするだろう。私はろくに調べもせず、テレビで見たままを本に書いてしまうような人間である。しかし気になる。信憑性のあるデータなのだろうか。気になるが調べる気は起きない。

私は映画が好きだ。面白い映画は面白くて好きだし、面白くない映画もそれはそれで話のネタになるので好きだ。映画館という空間も好きだ。ポップコーンの匂いも、上映している作品によって変わる客層や雰囲気も好きだ。面白い映画に出会えた時、劇場で観たことを自慢できるから好きだ。つまらない映画なら、高いお金を払っているから気兼ねなく文句を言える。

若者の四十六パーセントは映画を倍速で観るらしい。私には信じられない。一体どこでデータを取ったのだろうか。まさか動画サイトだったりするのか。例えば映画館の入り口でアンケートを取れば全く別の結果になるだろう。ネット上でとられたアンケートならこういった結果になっても仕方がない。そもそも私はこの質問を受けた覚えがない。私もまだギリギリ若者のはずだ。仲間外れは許さない。

ニュース番組などを見ていると、若者に意見を求めてリポーターが原宿へ繰り出している場面が多々ある。テレビを作っている偉いおじさんやおばさん達の中では若者＝原宿なのだろうか。原宿の若者の思想など偏りに偏っていそうではないか。この意見も偏っているが。

現代の二十代男性の四割が異性とのデート未経験というアンケート結果が以前、話題になっていた。しかしよく調べてみると、若者の異性交遊未経験の割合は四十年前からたいして変化していないというのだ。ネット記事では若者のデート離れなどとセンシティブな見出しが並んでいる。話題になりそうな部分だけを切り取って扱う、悪いインターネットだ。

それでも人々はこういったアンケートをネタに雑談を膨らませる。ネタになれば細かいことはなんでもいいのだ。世の中は案外いい加減なものである。私も含めて。

私の通っていた高校は部活動が盛んな学校だった。放課後はみんな動きやすい服でその辺を動き回っていた。片や私は動きにくい制服のまま特に動かず彼らをぼーっと眺めるだけ。退屈だったので生徒会に入ってみたが、ここでも特に友人などできずぼーっとしていた。

ある時友人に、体育祭の構成を変えることができないか、生徒会を通して学校側に掛け合ってみてくれと頼まれた。ただただプログラムをこなしていくだけの学校行事はつまらないので、紅白戦方式にすれば競争競技が増えて楽しいだろうという話だった。生徒会室でパズドラをするだけの放課後に飽き飽きしていた私は二つ返事で引き受け、職員室で直談判する。しかしこの意見は通らなかった。今考えれば当然だろう。私が担当教員だったとしてこんな面倒なことはない。上の先生に意見などしたくない。会議で発言などしたくない。定時で帰りたい。

私は友人達と話し合い考えた結果、目安箱を設置し生徒からの意見を募ることにした。そして運動部の活発な生徒にばかり声をかけ、意見として体育祭の改革を目安箱に入れさせた。こうしてこの年の体育祭は紅白戦になったのだった。文化部の生徒にも平等に意見を求めていれば違った結果になったかもしれないが、そんなデータは求めていないので必要なかった。

世の中のあらゆるアンケートもこんなものだろう。高校生に思いつくようなことを大人がしないわけがない。よって私は、若者の大半が映画を倍速で視聴するなどという愚行に走っているというデータを受け入れることは到底できないし、原宿の若者は若者代表ではないと断言する。

話は変わるが、鈴木けんぞうのＹｏｕＴｕｂｅ動画を視聴した人は、そうでない人に比べて幸福度が極端に高いというデータがあるらしい。ぜひ友人や家族にも勧めてみると良いだろう。

人間は、考える腸である。

最近自炊をしている。私にしては大変珍しい。一人暮らしを始めて五、六年、ほぼコンビニ弁当だった私が、もう一ヶ月も自炊を続けている。青椒肉絲《チンジャオロース》やら麻婆豆腐やらの素を買ってきて混ぜれば良いだけなので簡単だ。そのレベルの自炊である。凝った料理など作らない。面倒くさいという根本の気持ちは変わっていない。ただ、家事をしていれば他のやるべきことを後回しにしても許されているような感じがするので、逃避先に自炊を使っている。

一人暮らしかつ家で仕事をしていると、本当に家事をやらなくなる。通勤や退勤の時間がないため、一日の大半を仕事に使ってしまう。家事などしている時間が無駄に思えて仕方がない。洗い物を避けたいからという理由で、割り箸やプラスチックスプーンを積極的に使う。このＳＤＧｓの時代に完全に逆行している。

数年前に良い洗濯機を買った。洗濯から乾燥までボタンひとつで全てやってくれる最強の洗濯機。信じられないほど高かった洗濯機。歯茎から血を流すほど奥歯を噛み締め、断腸の思いで購入した。我が家に二十万の洗濯機がやってくる。それだけでしばらくの間、澄み渡った空のように晴れやかな気分であった。下取り前の壊れた洗濯機さえ愛おしく見える。私はなんと単純な男だろうか。

とうとう我が家にドラム式洗濯機がやってきた。業者のおじさんが配線やら何やらを取り付けてくれる。それをニコニコ見守る私。洗濯機ちゃん、ここが君の新しいお家だよ。私が君の飼い主だよ。犬でも飼った気分だった。できることなら今日はこの洗濯機を抱いて寝たいくらいだ。おじさんもさぞ、仕事しにくかったことだろう。

設置が完了し、洗剤・柔軟剤をセットする。これらも適量を自動で投入してくれるというのだ。なんと賢い子なのだろうか。私など毎回確認もせず適当に入れていたというのに。昨今ＡＩに仕事を奪われることが危惧されているが、こんな仕事ならいくらでも奪ってほしいものだ。溜まっていた洗濯物を放り込み、ボタンを押す。これだけだ。楽すぎる。嬉しくて涙が出る。小躍りしながらカップ麺を作り、回る洗濯機を観賞しながら食した。働かざるもの食うべからずとはよく言うが、働かずに食うカップ麺がこんなに美味いとは。

それまでは乾燥のためだけにコインランドリーに通っていた。成人してから一度も洗濯物を干したことがない。ここまできたら死ぬまで干したくない。

乾燥機を使っていると、服にシワができることがある。普通ならそこでアイロンを買うのだろう。しかしそれでは一手間増やしてしまうことになる。せっかく楽するために乾燥機付きを買ったのだから本末転倒だ。私はシワになる服を買わなくなった。家には今メッシュ生地の服ばかりが並んでいる。おしゃれなど知るか。楽することこそ最優先だ。

こんな人間がなぜ自炊をしているのか。一人暮らしを始めてから、異様に腹痛が増えた。めちゃくちゃな食生活のせいだろう。腹痛は無神論者をも神に縋らせる。本当に辛い。医学の世界において腸は第二の脳とよく言われているが、腹痛時ばかりは腸が操縦《そうじゅう》桿《かん》を握っている。脳みそではどうすることもできない。

私のこの体、これまでずっと脳みそが動かしてきたつもりだったが、実際は腸こそ主役なのかもしれない。クラゲやイソギンチャクは脳を持たない生き物だが、彼らにも腸が備わっている。私は腹痛が嫌すぎて自炊するようになった。

引っ越しを機にお掃除ロボットを買うことを心に決めた。これまでは床に座って生活していたため導入できなかったのだが、これからはきちんと椅子に座って丁寧な暮らしをしていこうという算段である。そのため家具の配置などもまだ見ぬロボットの通り道を考えセッティングしている。床に物を置かない生活である。引っ越してから三ヶ月が経った。ロボットはまだ来ていない。

洗濯機のために買う服を制限され、腸のために食事を制限され、まだ買ってもいないお掃除ロボットのために家具を制限されている。今後食洗機でも買おうものなら食器が、スマートスピーカーでも買おうものなら家電全般が彼らを中心に揃えられるのだろう。脳みそが、肩身の狭い思いをしている。

大人なんてそんなもの

先日傘を盗まれた。ビニール傘を傘立てに掛け、コンビニに入店すると私と入れ違いに出て行った男が私の傘を開いて去っていった。傘立てには私の傘しかなかったのだが、堂々と一瞬の迷いもなく盗みを働いていくその手グセの悪さには感心さえしてしまうほどだった。

私は入ったコンビニで急いで傘を買い、しばらく男を追いかけてみることにした。後ろを振り返る素振りもなく、猫背で歩きスマホをしている。ヤツが濡れずにいるのは私のおかげだというのに。

二、三分ほど歩くとアパートに入っていった。こんなに近くに住んでいるのなら走って帰れば良いのにわざわざ私の傘を盗んだというのか、とんでもない極悪人め、そう思い観察していると、ヤツが開けたドアの向こうからは子どもが騒いでいる声がした。妻子持ちだというのか、なんて男だ。大悪党め。世の中には時々恐ろしい人間がいるものだ。

特にネットの世界には、言葉を選べない大人が大勢いる。プロゲーマーなどが差別発言などの失言で度々炎上しているが、大体あれくらいが平均的なネットユーザーの語彙だろう。政治的、社会的な主義主張を掲げている人達でさえ言葉を選べていないことが多々ある。世の中には悪が蔓延《はびこ》っている。

私はインターネットで活動しているのだが、こういった変な輩に絡まれることは少なくない。詐欺まがいの商品広告やステルスマーケティングの依頼、意味不明な人格攻撃、誹謗中傷。

子どもの頃は、大人とは完璧なものなのだと思っていた。よく、「親になって初めて親の気持ちが分かる」などというが、私は全く逆だ。私の親が今の私の年齢の頃にはすでに結婚も出産も経験しているのである。完全に置いていかれている。それでいてきちんと納税して年金を払って、なんやら甲だの乙だのややこしい書類をまとめあげ、立派に大人をやっていたのである。完璧超人だ。親の気持ちが分かる気がしない。

私から傘を盗んだ男などその最たる例だが、わざわざ跡をつけた私も間違えているだろう。大人は大抵間違えている。

大体こんな訳の分からないYouTuberにエッセイを書かせて出版しようとしているKADOKAWAも間違えているとしか思えない。こんな大企業でさえ間違えてしまうのだからしょうがない。

芸能人は不倫をするし、政治家は失言をする。YouTuberは両方する。そして私のような人間はこれらを面白おかしく話のネタにするのだ。これもこれで間違っているだろう。私の高校の同級生に、ネズミ講の会社で幹部をやっているヤツがいるらしい。すごく間違えている。

私は保育士をしていた頃、副担任という形でクラスに入っていたのだが、子ども達には不必要に厳しくしてしまっていたと思う。なぜ子ども達をコントロール出来ないのか、と担任に怒られることが怖かったのだ。そしてそんな自分を自覚をして辞めた。

私の友人に、完璧主義が行きすぎてパンクしてしまった男がいる。手の届く範囲で満足していたはずが、いつの間にか自分の腕の長さを勘違いしてしまうのだ。厄介な主義である。

聞けばYouTuber本が学校図書館に並ぶことは珍しくないらしい。この本がどうかは分からないが、学生は安心してほしいものだ。私は昨日、年金を滞納していたために年金事務所の職員に電話越しに怒られた。親にも話せないエピソードだ。話せばまた怒られるのだろう。所詮大人などこんなものである。稀にいる完璧超人を参考にするな。ヤツらは化け物だ。君達も将来は傘を盗んでみたり、年金を滞納してみたり、ネズミ講をやってみたりするのだろう。間違えたことに気がついて、反省できればいいではないか。

さて、年金保険料を振り込みに行こうと思ったが、今日は動画編集をしたい気分だ。明日行けばいいや。

不幸バトル

ゲームなどしていると、運の偏りを感じることが多々ある。麻雀が顕著だ。私は基本的にオカルトの類を信じない人間だが、麻雀における運の偏りは絶対に存在している。流れを摑んだ者にはどうしても敵わない。そう思わせる不思議なゲームだ。流れを摑んだ者には敵わない。

べらぼうに運の良い人間というのは存在する。運だけで生きてきたような人間。そんな存在、納得はできない。顔が良いというのも運だろう。身体能力も運だ。どちらも使い方によっては大金を稼げるほどの巨大で強力な武器である。こんなものを生まれながらに備えている恐ろしい豪運人間が世の中にはウヨウヨいる。なんと世知辛いことか。私はＹｏｕＴｕｂｅｒだが、動画投稿の世界にも見た目や声の人気が強い者はいる。

私はよくゴミボと言われる。ゴミのような声（ボイス）という意味のネットスラングだ。

なんというストレートな誹謗中傷だろうか。しかし声はどうすることもできない。顔なら整形などすればなんとかなりそうなものだが、声については諦めるほかない。理不尽なものである。こんなに頑張っているのになぜ奴の方が良い思いをしているんだ、などと考えてしまうのは人間である限り仕方がないことだ。しかし大丈夫である。こんな駄本に金を払ってしまった運の悪い読者には特別に、運の良い人間になれるカラクリを教えよう。

「こんなところで運を使ってしまった」というような言い回しをすることがあると思う。運の総量が決まっているという考え方だ。これは一日の分のラッキーが決まっているということなのだろうか。それとも一週間か、一年か。私はどちらでもない。人生単位で考えている。幼少期に辛い思いをした人は成人してからずっと幸運なのだ。逆に幼少期に順風満帆な人生を送った人はきっとすでに運を使い切っている。絶対にそうだ。そう思わなければやっていられない。

私は小学生の頃に両親が離婚し、母が女手ひとつで育ててくれた。生活は貧しく引っ越すたびに狭い部屋になっていった。たまに外食に連れて行ってもらっても、妹と示し合わせて一番安いメニューを頼んでいた。松本人志の「チキンライス」の歌詞が沁みる。中学の頃は野球部員にいじめられていた。ある日突然机をひっくり返されたり、身に覚えのないことを言いふらされたりした。高校受験の前日に父親から連絡が来た。再婚するから苗字を変えてほしいということだった。馴染みのない名前で受験をし、高校に入学した。

このため、成人してからの私は運が良いのである。親離婚パワーで運がいい。ゲーム動画で生活できているのも、なぜか本を書かせてもらっているのも、全て親離婚パワーなのである。十代の人が今ツイていなくても大丈夫なのだ。

やなせたかし先生がアンパンマンのアニメ化に漕ぎ着けたのは六十九歳の時だ。私は現在二十六歳、六十九歳になるまで四十三年もある。人生の一番大事な十代までを不運で消費しているので、ここから死ぬまで幸運に生きていけるはずである。

親離婚パワーでこのエッセイも大当たりするはずだ。そして親離婚パワーで長生きをし、年金で得をしてから死んでみせる。

私はこの話を面白いと思ってよく人に話すのだが、これは引かれているのだろうか。必ず変な空気になってしまう。私と同じような境遇の人は共感して笑ってくれるのだが、両親の愛情をいっぱいに受けて真っ直ぐ健やかに育ったであろう人達は皆変な顔をしている。読者も今変な顔をしているのだろうか。

しかしそれで良いのだ。わざわざ千円あまり払って買った本で変な顔をしている。運が悪かったな。この不幸バトルは私の勝ちだ。

ディス・コミュニケーション

先日初めて一蘭へ行った。少々財布に厳しいラーメン屋である。しかし私もいい大人だ。きちんと納税もしている。高いラーメンを食べるくらいの金はある。前日の食事を菓子パンで済ませれば良いのだ。なんてことはない。

引っ越してから気づいたが沖縄にはラーメン屋が少なかった。その代わり沖縄そば屋が大量に存在している。今となっては沖縄そばが恋しい。失って初めて自覚した。私は愚かな人間だ。

店内に入ると異様な雰囲気であった。店員がいない。席はそれぞれ一人分で仕切りがついている。注文は食券でやりとりし、店員の顔が見えることはない。すごいシステムだ。日本人には常識なのだろうか。私は全く知らなかった。一蘭はなるべく接客を排したラーメン店だったのである。私は極度の人見知りであるためこの仕組みにはいたく感動した。

なんと素晴らしい店なのか。人と人とのコミュニケーションが減っているとされる現代社会、大いに結構である。どんどん減っていってほしい。コミュニケーションなど、そうした関わりが好きな人達でやれば良いのだ。私はなるべく誰とも会わず、声帯を震わせることなく生活したい。

私はフィギュア集めが趣味なのだが、ホビーショップに行くと良い商品というのは大抵ショーケースに飾られている。店員を呼び出し声をかけなければ購入すらできないという恐ろしいシステムになっているのだ。私のような日陰者にはそんなことは到底無理である。というかホビーショップに行くような人間など、どう考えても私と同じタイプが多いだろう。何がコミュニケーションが不足している世の中だ。こんなところでも発生してしまっているではないか。もっと不足してほしい。ここの客はみんなそう思っているはずだ。なあみんなそうだろう。店内を見渡すと他の客が店員を呼びつけて展示されていた商品を購入していた。ホビーショップですら私は孤立するのか。

オタクは陰気な人が多いというイメージだった時代は過ぎ去った。現代のオタク達はネット上でコミュニティを作り、現実社会にも何食わぬ顔で溶け込んでいる。特にアニメはそうだ。今の時代みんなアニメを見ている。昔からのアニメオタク達はさぞ鼻が高いだろう。私は特撮オタクだ。この先の時代に、みんながみんな特撮を見る時代が来るのだろうか。いや、想像できない。特撮はあまりにも畑が小さすぎる。私など、死ぬまでホビーショップのショーケースを前にモジモジし続けることだろう。

この星はすでに侵略されているのだ。外を歩いているのはコミュニケーション上等のおしゃべり人間ばかりだ。今生き残っている日陰者は私と一蘭の経営陣くらいか。いつの日か我々がこの星を取り返す未来を夢見て足掻き続けるしかない。現にコロナ禍以降リモートワークやビデオ通話が当たり前の日常として定着しているではないか。コンビニなどはセルフレジのところも増えてきた。が、せっかくのセルフなのにレジ袋だけは店員を呼ばなければ買えない。環境大臣め。環境にも私にも優しい世界を目指してほしいものだ。

私の方が変化する気はさらさらない。そんな体力は使いたくない。なるべく世界の方が私に迎合してほしい。みんなのその持ち前のコミュニケーション能力を活かして、私に優しい世界を作っていってくれ。私は家でゲームでもしながら、ゆっくりその日を待ちたいと思う。

と、こんな話を生配信でしたところ、「だからお前には誰も寄ってこないんだ」というコメントが大量についた。豚骨のはずなのに、一蘭のラーメンは涙で塩っぱかった。

コックピットは一人乗り

私は普段誰とも関わっていない。会話をしていない。ひたすら一人で喋っているだけ、長い長い独り言だ。受け取る側のリアクションや返ってくる言葉を想定していない。片やテレビでは誰かがボケると誰かがツッコむ。全く別物だ。

確かに、インターネット、動画投稿サイトが台頭し、マスコミ四媒体と呼ばれる、テレビ・ラジオ・新聞・雑誌の広告費をネット広告が上回ったり、バーチャルユーチューバー（以下ＶＴｕｂｅｒ）事業の会社が上場、時価総額がテレビ局と肩を並べるほどになるなど、新たなメディアとして大きな存在感を放っている。本当に羨ましい。私も仲間に入れてほしい。この間コンビニでＶＴｕｂｅｒチップスなるものが売っていた。私もカードになりたい。コンビニで扱ってほしい。私は動画投稿で生活している。腐ってもＹｏｕＴｕｂｅｒの端くれだ。動画サイトの台頭は嬉しい。しかし、テレビとネットでは全くの別物だと考える。

たまに家から出て人と会話をすると、自分のコミュニケーション能力の低さに愕然とする。周りの友人らは社会人として、上司や部下、家族や恋人と普段から会話をしている。相手のリアクションを想定して言葉を投げている。私は何も想定していない。リアクションも返事さえもなくていいような話をひたすら続けてしまう。

目を見て話を聞いてくれて、適度に相槌を打つ社会人達。大人はすごい。私など最後に人の目を見たのがいつだったかも分からない。じっと見つめられたらすぐに好きになってしまう。社会人には日常茶飯事なのだ。大人ってすごい。

相手の目を見て会話をするなど、なんとハードルの高いことか。脳みその大半を目線に集中しなければ到底成しえない所業だ。眼球の筋肉・神経に脳みそを使えば今度は会話の内容が疎かになる。ヘラヘラする以外の選択肢は消滅する。

ここに相手の話への相槌というタスクが追加される。もう無理だ。脳内のコックピットに座っている小さい私が匙を投げている。操縦しなければならないレバーが多すぎる。不本意ながら靴を脱いで足で向こうのスイッチを動かさなければ無理だ。私の脳内コックピットはワンオペなのだ。社会人は通常二、三人で操縦しているのだろう。外部に司令役がいるに違いない。それっぽい作戦名や単語が飛び交い、かっこよく操縦しているのだろう。私のコックピットに通信機能はない。司令室など存在していない。

文字でしか知らない、画面の向こう側の誰かを相手に、今日も静かなコックピットで一人レバーをガチャガチャするのだ。受け取り手を想定しない会話ならワンオペで十分だ。単純操作ボタン連打でビーム発射。私もカードになってみたかった。

若者のテレビ離れや平均視聴率の低下など昨今テレビ業界は散々な言われようであるが、私のような人間がいる限りテレビが終わることはないだろう。なんの話を書いていたのか分からなくなってきた。コックピットが火を吹いている。

第4章

1/4096を求めて

ポケットのなかには

私は普段ポケモンの動画を投稿している。ポケモンが好きだ。どこかで書かなければとは思っていたが、下手なことは書けない。あえて触れずに先延ばしにし続けてきたのだが、そろそろ限界だろう。ポケモンの話を書く。この本を手にとるようなモノ好きは、ゲームやＹｏｕＴｕｂｅの話を読みたい人が大半だろう。社会への恨みつらみばかりの本では売れるわけがない。それでは私も困る。避けては通れない。

しかしポケモンのエッセイと言われても何を書けばいいのか全く思いつかない。ゲームの話というのは難しいものだ。簡潔に説明しようにもそのゲームのシステムや発売された時期、ハードにも話が及んでしまうともう収拾がつかない。思い出や出会いを語ればいいのだろうか。うまくまとめられるのか。

私は子どもの頃、あまりゲームを持っていなかった。普段のなんでもないときにゲームソフトを買ってもらっている同級生達を横目に、小学校一年の誕生日に買ってもらった「ポケットモンスター ルビー」をひたすら繰り返し遊ぶ。ただ、データを消してしまうのはもったいないので友人のソフトにポケモンを全て預け、初期化する。ある時は序盤でひたすらレベル上げをし、ある時はなるべく戦闘せずに進める。周りはみんな新しいゲームで遊んでいた。

小学生時代の私にポケモンは深く深く刺さっていた。なぜあんなにのめり込んでいたのか分からない。当時は対戦などもそれほど主流ではなかった。集めてコレクションできるという点がツボにはまったのだろうか。ゲーム以前にアニメで見ていたため、何の違和感もなくすんなり受け入れられた。ポケモンはこれがあるから強い。受け入れる土壌が完成しているのは非常に大きいだろう。

中学生になるにつれ周りはポケモンを卒業し出した。あんなに楽しく遊んでいたのにみんなもう大人ですという顔をし始め、ニンテンドーからソニーに乗り換え出したのだ。私にとってこの変化は大変幸運だった。やらなくなったポケモンのソフトをタダでもらえるようになるからだ。私は世渡りがうまいのだ。ジュースを奢ることと引き換えに、当時すでに一昔前のものになっていたゲームボーイアドバンスやＤＳのソフトをもらう。中学生なんて部活動でもやっていなければ暇で仕方がない生活だ。家にいる間はずっとゲーム機を触っていた。今の中学生はこれがスマホゲームになるのだろうか。ポケモンをやれ。

高校になると今度は逆の現象が起こる。周りはポケモンに戻ってくるのである。高校二年の夏休み、やることがない私たちはブックオフで五百円のソフトを買い、一斉にプレイして競うという遊びをやっていた。クラスの一軍のヤツらが女を侍《はべ》らせてデートだのなんだのと不埒で不純なことを曰っている傍らで、私たちは一生懸命愛情を持ってポケモンを育てていた。ここまで読めば真にイケているのがどちらか、読者には明白であろう。一軍のヤツらだ。

大学生になった頃、ポケモンで動画投稿をし始めた。以降ＹｏｕＴｕｂｅで生活するようになるまで、なってからもずっと私のそばにはポケモンがいる。

このゲームで私が何より魅力に感じている点は、過去のソフトで育てたポケモンを最新作まで連れて来られることだ。私が小学生の頃育てたバシャーモの「ばしゃも」もニンテンドースイッチまで連れていくことができる。コロナ禍以降、巣ごもり需要からレトロゲームに再ブームが起こり価格相場が上昇しているが、その中でも過去作が最新作と連動できるゲームというのは異質だろう。文字通り人生のどこを切り取ってもポケモンがいる。ポケモンがこれから先もずっと、どの世代とでも繋がれるゲームであってほしいと思う。

すずちゃん

ポケモンの何が私をここまで惹きつけるのか。それは色違いという仕様だろう。同じポケモンでもごく稀に体色の異なる個体が存在している。対戦にでも繰り出せばポケモンが光る演出が追加される。どこからどう見てもレアなポケモン。それが色違いだ。普段からフィギュアを集め、カードを集め、変身ベルトを飾り、好きな映像作品は円盤を買うような往年のキモオタクである私の心を摑んで離さない。

私がこれまでに捕まえた色違いポケモンの中でもっとも珍しいのはミュウだろう。これは二〇〇四年発売の「ポケットモンスター エメラルド」で、当時のイベント会場限定で配布されたアイテムを使うことで出会えるポケモンである。イベントの開催期間は一ヶ月、会場は全国たったの十ヶ所。このアイテムで捕まえることのできるミュウは一匹のみであるため、色違いミュウを捕まえるには、当時イベント会場でアイテムを受け取っており、さらにそのアイテムを未使用のまま所持している中古ソフトを探し当てなければならないというわけだ。「ポケットモンスター エメラルド」の発売から十三年が経過した二〇一七年、私は中古相場一本千円で五十本のソフトを買い集め、この条件を満たすソフトを手に入れたのである。

二〇二二年十一月現在放送されているアニメ『ポケットモンスター』では、メインキャラクター達が幻のポケモン、ミュウと出会うため未知の島、「さいはてのことう」に上陸する、というストーリーが展開されている。毎週アニメを熱心に見ている全国の子ども達よ、私は色違いのミュウを持っているぞ。どうだ、すごいだろう。

そしてポケモンというゲームのすごいところは、二〇〇四年のゲームで捕まえたポケモンを現在発売中の最新作まで連れていけるという点だ。コレクターの気持ちをよく分かっている。私のミュウは今ニンテンドースイッチにいる。この点が評価されてか、昨今のレトロゲーム人気も相まって現在ポケモンの中古ソフト相場は軒並み二〜三倍に膨れ上がっている。ポケモンはカードも大人気だ。どこへいっても売り切れ続出、いつまでも勢いの衰えない凄まじいコンテンツである。全国のポケモンファン、私は色違いのミュウを持っているぞ。

二〇二二年十一月に発売された、「ポケットモンスター スカーレット・バイオレット」はシリーズ初の完全オープンワールドＲＰＧ。従来の一本道シナリオとは異なり、好きな街、好きなダンジョンから好きな順序で冒険できるという新たなスタイルとなっている。発売から三日で販売本数は一千万本を達成し、任天堂の歴代ソフトで最速記録を樹立した大人気ゲームだ。私は普段からスイッチ十台を使って遊んでいるため、当然今回も余裕を持って計十二本購入した。売り上げ一千万本のうち十二本が私だ。特に今作はストーリーが本当に素晴らしかった。歴代でも一番好きだ。私はポケモンのためならなんだってできる。部屋の内装さえポケモン一色にしてしまった。しかし公式の仕事をもらったことはない。

ポケモン公式の生配信などにバンバン出演している友人のＹｏｕＴｕｂｅｒとこの話をしたところ、「逆になんでそんなに公式仕事ほしいの？」と聞かれてしまった。くそったれ。ほしいに決まっているだろう。好きなんだから。公式さん、こんなヤツより私の方がいいっスよ!!

「鈴木けんぞう」

私はネット上で、鈴木けんぞうという名前で活動している。動画投稿者達の多くはもっと渾名のような砕けた名前で活動しているが、これが気に入らなかったのだ。近年はインフルエンサーがメディアに露出することも珍しくない。この本もそうだ。仮に私が「スズキンＴＶ」みたいな名前だったとすると、この本の著者名は「スズキン」になってしまうのである。親や友人の家の本棚に、著者スズキンの本を並べさせるのは気が引ける。

友人が必死の思いで美女を口説き落とし、部屋に連れ込んだとしよう。本棚に並んでいる著者スズキンの本。「これ何の本？」美女が聞く。「友達が出した本だよ」友人が答える。この時、美女の中で彼は、「スズキンとかいう何やら本を出しているらしい意味不明な友達がいる男」という烙印を押されてしまうのである。なんと残酷なことだろうか。

これが鈴木けんぞうであれば、意味不明な友達という印象を与えることはないだろう。

それどころかエッセイストと誤認させることができるかもしれない。そもそも、「これ何の本？」なんていうやりとりが消滅する可能性すらある。

例えばこの本を学校図書館に推薦したとしよう。私がスズキンなんていう名前だった場合、「こんなふざけた本を置くわけにはいかない」と却下されてしまうかもしれない。ところが鈴木けんぞうというういかにも普通な名前であるために、学校図書館にふさわしい本だと誤認させることができるかもしれないのである。変な名前で敬遠されるのはできるだけ避けたい。第一印象は大切だ。変わった名前で活動している人が多いインターネット上において、普通の名前を名乗っているという行為はそれだけで目立つ。悪い印象を与えずに人目に付く、覚えてもらえるなら絶対に得だと踏んだ。私が作っているのはインターネットの素人投稿動画だ。視聴者も中身についてはある程度許容してくれるが、外見が面白そうでなければクリックしてはもらえない。ノイズを作りたくない。そのため鈴木けんぞうという名前なのである。

私は元々ユーチューバーユーチューバーしたペンネームが苦手だ。インターネットインターネットした名前と書いた方が分かりやすいだろうか。この繰り返しの表現方法はかなり好みだ。語彙力の無さをパワーで補っている感じがたまらない。私にピッタリの技法だ。技法というほどテクニックテクニックはしていないかもしれないが。この本の中でも何度か使っている。所詮中身はこんなものだ。しかし鈴木けんぞうという名前のおかげで友人は美女をものにし、この本は学校図書館に並ぶことができるのである。ユーチューバーユーチューバーしていないおかげで。

日本のインターネットにおいて本名で活動している人はほぼ存在しない。活動していくにつれて本名を明かしたりバレたりということはあるかもしれないが、最初はみんな偽名だ。インターネットならなりたい自分を演出できる。私のように、普通の名前を名乗ることでまともな人間のふりをすることもできるのだ。中学生の頃、いくら学校でイケていなくてもネットでは別人になれた。インターネットは最高だ。

私は鈴木けんぞうとして動画投稿を始めるにあたって、自分のアイコンを自作した。おかっぱ頭に丸眼鏡の気味の悪い自画像を使っている。これには理由がある。当時、多くの動画投稿者が既存のキャラクターや版権画像を自身のアイコンとして使用しているために、後のグッズ販売などで苦労しているのを見てきたからである。自分のアイコンくらい絶対に自作した方がいい。それも描きやすいものがいい。ＬＩＮＥスタンプで小銭を拾ってやる。

鈴木けんぞうになって六年が経った。私のＬＩＮＥスタンプは視聴者が勝手に作って勝手に売っている。定期的に私のＹｏｕＴｕｂｅの生配信にコメントをすることを条件に制作・販売を許可したのだが、そいつは一向に私の生配信には来ない。そして、私のもとに売り上げは入ってこない。数年前の出来事なのでもう時効だ。インターネットはクソだ。

孤独なのは……

ＹｏｕＴｕｂｅｒとは孤独な生き物だ。一人家に籠りひたすら作業に勤しむ生活である。いや、私が孤独なだけなのか。ＹｏｕＴｕｂｅをひらけばみんなキラキラした毎日を動画に撮って投稿している。私と彼らで一体何が違うというのか……。

私はポケモンのゲーム動画を投稿しているのだが、対戦は滅多にやらない。私はコレクターなのである。レアなアイテムやキャラクターを集め、コレクションするという動画を作っている。人気の動画投稿者達はみんな対戦型のプレイヤーだ。私のようなコレクターはあまり日の目を見ない。それもそうだろう。コレクターの活動は対戦とは違い動画映えしない。撮影にかかる時間を考えると動画を量産することも難しい。毎日投稿することが人気の秘訣だとするＹｏｕＴｕｂｅｒもいるくらいなのに。ショート動画が流行しているこの時代には完全に逆行している。

その上、私のように対戦をやらないタイプの動画投稿者は「ポケモン動画投稿者」という括りに入れてもらえないことも多い。多くの視聴者が求めているものもまた、対戦動画なのである。なんということだ。こんなに頑張っているのに。ＹｏｕＴｕｂｅで人気のあるゲーム動画投稿者などほとんどが体の細い少食の男ばかりだろう。片や私は肩幅が異様に広いことをコンプレックスに二十六年生きてきた、ガタイだけはいい男だ。ポケモンでなく手押し相撲対戦でもすればきっと私が勝つというのに。

ゲーム動画で人気になるのはなかなか難しい。私だけでなくＹｏｕＴｕｂｅｒはみんな苦しんでいるだろう。今や小学生のなりたい職業に名前が挙げられるほど認知されているＹｏｕＴｕｂｅｒだが、もしも読者が動画投稿で生活しようと考えているなら、ゲームやネタ動画以外のものがいいと私は考える。一番いいのは人間の三大欲求に訴えることだ。食欲・性欲・睡眠欲。動画で睡眠欲は満たせないとして、例えば料理動画などは人気のジャンルだ。誰でも関心を持てる上、他者との差別化を図りやすい。魚を捌くもの、高カロリー料理を作るもの、ダイエット飯を研究するもの、料理というジャンルひとつとっても大量の種類がある。

読者がもし自分の容姿に自信を持っているなら、視聴者の性欲に訴えかけることもできる。例えば胸元を強調した格好で動画を撮る。内容は自分の得意なことで構わない。ひたすらピアノを弾くでもプラモデルを組み立てるでもいい。とりあえずクリックしてもらうきっかけを作ることができる。クリックしてもらえなければ中身で勝負することすらできない。厳しい世界である。

私は先に書いた通り、肩幅が異様に広い。顎が小さく顔がシュッとしていない。普段食べているものといえばコンビニの弁当ばかりだ。料理はしない。何も作れない。今年に入ってからまだ一度も米を炊いていない。作っている動画といえばポケモンのコレクション動画だ。対戦はしない。対戦に関してはルールすら曖昧なところがある。

平安時代には下膨れのポテッとした顔が美しいとされていたという。時代とともに美醜は変化する。私の生きているうちに、肩幅が異様に広いことがかっこいいこととされ、顎が小さければ小さいほど美しいと評価される世の中になってほしい。

食事はコンビニ弁当こそが完全食とされ、国が主導してコンビニ弁当以外の食事を禁止にしてほしい。米を炊くなどもってのほかだ。

ポケモンはコレクションするゲーム。対戦は手押し相撲がもっぱら大人気な競技になればいいのだ。

そうすれば私の時代が来るはずである。毎日手押し相撲の動画を投稿する、肩幅の広い大人気ＹｏｕＴｕｂｅｒになれるのに。人気者達が憎い。羨ましい。私も仲間に入れてくれ。世の中が私に合わせて変化していけばいいのに。


——そうか、だから私は孤独なのだろう。

俺は一生偉くなんてならない

動画のことを考える。何をしたらいいのか、どう構成したらいいのかを一人歩きながら考えることが多い。こんな書き方をすると大変生意気に見えてしまう。たかだかＹｏｕＴｕｂｅ動画で構成だなんて。動画を収益化することさえあり得なかった一昔前では考えられないことだ。しかし、今となってはＹｏｕＴｕｂｅもチームで作るのが当たり前の時代である。作家がいて、編集がいて、演者がいる。

私にはそんな予算はないので、全て一人で運営している。可能であれば人に任せたい。編集は本当に面倒くさい。複数人での運営にはメリットが多い。動画を量産できることもそうだが、何よりフットワークが軽くなる。気軽に新しいことを試せるのはいいことだ。新しいことを検討する暇がほしい。

一人で活動しているとどうしても視野が狭くなっていくことがある。間違った方向に走っていても修正してくれる人がいない。エゴサーチが命綱だ。Ｔｗｉｔｔｅｒの変わり者達に命運を握られている。

一人だとどこまでも怠惰になれてしまう。管理されないというのはこれはこれで大変だ。まして私に職場などない。家がそれだ。切り替えが大変なのである。私は大体爆音で音楽を流してから動画編集などに入るようにしている。こうでもしないといつまでもボーっとしてしまう。部屋の掃除やらなんやらのサブクエストばかり消化されていく。

昔は私も、忙しさをアピールしているＹｏｕＴｕｂｅｒを馬鹿にしていたものだ。有名どころはすぐに忙しさを盾にする。そんなわけないだろうと思っていた。しかし一人でやってみると大変だ。手が回らない。全てをこなすのは無理だ。いやまて、有名どころで一人でやっている動画投稿者などいないのではないか。彼らは大抵事務所に所属し編集や作家を雇っているはずではないか。じゃあそこまで忙しいわけがあるまい。許せない。絶対に私の方が忙しい。今後も馬鹿にし続けることにしよう。

さて、ここまで一人で活動することのデメリットを書いてきたが、もちろんそればかりではない。当然入ってくる収益は全て独り占めだ。チーム制のＹｏｕＴｕｂｅｒはざまあみろ。三人で活動しているところは、少なくとも私の三倍は動画を作らなければならないというわけだ。これは大変な労力である。その上チーム内のコミュニケーションも大切になってくる。こんなものはもはや、会社勤めとなんら変わらない。どう考えても社会不適合者である私には向いていないだろう。

結局社会は人と人との関わりで回っている。誰にも関わらずに生きていくのは無理だ。私には生きづらい、現実は厳しいのである。

コロナ禍でリモートワークが主流になり、人と人との関わりが薄くなったと言われているらしい。そんなわけがない。ネットで通話して会議をするのも私にすれば十分関わりだ。通話すら億劫なのだ。全ての業務連絡をＬＩＮＥで済ませたい。Ｚｏｏｍ程度で人間関係の軽薄さを嘆いている中年世代は本当に寂しがり屋だと思う。ある程度偉くなると周りが気を遣って接してくるのが気持ちいいのだろうか。若者からしたら迷惑な話である。

私の友人達も同じようなおじさんになっていくのだろうか。ビデオ通話の会議を嫌うようになってしまうのだろうか。私はいくら歳を取っても偉くなることはない。誰にも気を遣われることも気を遣うこともない。これは一人で活動することのメリットなのかデメリットなのか。偉くなって周りに気を遣わせたい気もする。

やりたいこと、やるべきことが決まっている日は気分がいい。起きたらすぐに取り組める。問題は何をするか決まっていない日だ。気を抜くと何もせずに一日が終わる。こんな日も、何かに所属していれば有意義な一日にできたのだろうか。

YouTuber事務所からのお誘いは今までいくつかあった。しかしどれも断ってきてしまった。どうしても面倒くさい。誰にも収益を取られたくない。チーム制のYouTuberを、大変だなという目で見続けたい。忙しさを嘆くインフルエンサーに、忙しさでマウントをとり続けたい。一生偉くならないことで、偉い人達を馬鹿にし続けたい。

なんとネガティブな理由だろうか。みんなが仲良く楽しそうにしているのを隅から斜に構えて眺めている。学生時代からなんの進歩もしていない。大人になるのは難しい。

仲間に入れてくれ

面倒なので事務所に所属していない。メールやらなんやらのやりとりが面倒くさい。契約書など見ただけで吐き気がする。ややこしいことは好きではない。なるべく何も考えずに、毎日ゲームをして、好きなフィギュアでも弄って過ごしたい。しかし、中古ショップをフラフラしていると人気ＹｏｕＴｕｂｅｒのフィギュアが売られていた。羨ましい。私もフィギュアになりたい。事務所に所属するのも悪くなさそうだ。本人の人気が必要なことはもちろんだが、少なくともフィギュアになる近道にはなるだろう。

私はカードゲームでよく遊ぶのだが、ショップや大会に行くとバーチャルＹｏｕＴｕｂｅｒ（ＶＴｕｂｅｒ）のカードスリーブやケースを使っている人をよく見かける。カードゲーマーとＶＴｕｂｅｒの視聴者は層が被っているのだろう。アニメショップやゲームセンターでもＶＴｕｂｅｒグッズが並んでいるのをよく見る。これは何となく想像がつく。ＶＴｕｂｅｒはマネジメントがしやすそうである。

一方普通のＹｏｕＴｕｂｅｒ事務所の方はというと、所属している人の特性がバラバラだ。美容系で人気がある人もいればゲームで人気の人もいる。視聴者層がバラバラであるため、それぞれに時間をかけて売っていくのはなかなかに手間だろう。美容なら美容のＹｏｕＴｕｂｅｒを集めて事務所を立ち上げた方が、プロモーションやら何やらの都合が良さそうなものだ。

さて、先述した通り私自身は事務所に所属していないため、ここまで書いたことは全て私の勝手な想像である。ではなぜ妄想でここまでダラダラとタイピングしているのかというと、誰かにゲーム系のＹｏｕＴｕｂｅｒを集めた事務所を作ってほしいからだ。そして私を所属させてほしい。

私には他のＹｏｕＴｕｂｅｒとの繋がりがほぼない。しかし自分の力でなんとかするつもりもないので、誰かの力を借りようというわけである。人という字は人と人とが支え合ってできているらしい。誰か私を支えてくれ。大体マネジメントやらプロモーションやら横文字を書き連ねてみたがどういう意味なのかすらよく分かっていない。他力本願で一生過ごしたい。誰かの作った事務所で、うまいこと売り出してほしい。私のカードスリーブやケースを売ってくれ。そういえばこの本も、完成品を数冊もらえるらしい。自分が関わった商品はサンプルをもらえるのが普通だというのだ。

であれば、私のコラボプリウスでも発売してほしいものである。あるいは家だ。鈴木けんぞうハウスを作って売ればサンプルをもらうことができる。ぜひお願いしたい。税金などもこの理論でなんとかならないだろうか。総理は無闇に増税するのではなく、新たに鈴木けんぞう税でも導入してくれれば、サンプル理論により私だけ免税となるのではないだろうか。いや、この場合私は何も得していない。ただただ国民から嫌われて終わりだ。それはよくない。

私のチャチな頭脳では妄想ですら上手くいかない。こんな人間がよくここまで一人で生きてこられたものだ。

人という字の成り立ちは、本当は一人の人間が大地に足を広げて立っている様子を表した象形文字だ。鈴木けんぞうプリウスが発売される未来は存在しない。結局は一人で生きていくしかないのだ。事務所に所属して上手く人間関係を築いている人気者達が妬ましい。ＹｏｕＴｕｂｅｒよ、孤独であれ。

何者？

テレビに出ている芸能人達。普段は特に意識しないが、よく考えると元々何の人なのか分からない人もいる。先日ラジオを聞いていると、阿川佐和子さんがエッセイの話をしていらっしゃった。あの方はエッセイストなのだ。無知な私には分からなかった。お綺麗な方なので女優さんかと思っていた。二〇二一年に終了してしまったが、私は『サワコの朝』という番組を毎週録画するほど気に入って見ていた。にもかかわらず女優さんだと思っていた。数年間も毎週毎週欠かさずに、一体何を見ていたというのか。全く私の目は節穴である。朝の番組だから頭が働いていなかった、という言い訳も考えたが、毎週録画なのでこれは使えない。私の脳みそは普段から何も考えていないのだろう。

この、元々何の人なのか分からない、という現象はＹｏｕＴｕｂｅではほとんど起こり得ない。元々何の人だったのか、という点は動画のタイトルやサムネイルを作る上で非常に重要だからである。私のように何の肩書きも持たないただの田舎の大学生が動画投稿を始める場合、動画そのものの面白さや新しさで視聴者を惹きつけなければならないが、例えば私が元々エッセイストであった場合、「エッセイストが選ぶおすすめの書籍三選」というようなパッケージで動画制作することができる。芸能人でも出始めの頃はそうだろうが、ＹｏｕＴｕｂｅｒはある程度人気が定着してからもこの肩書きを使い続けることができる。

前述したが、私の友人に東大生でＹｏｕＴｕｂｅをやっている砂川信哉という男がいる。彼は頑なに東大生という肩書きを使いたがらない。「そういう動画の作り方は格好悪い」というのだ。片や私はというと、短大卒であることをネタに動画制作することも多い。短大王なるものを名乗っていることすらある。これが教養の差なのか。

何にせよ、東大生という肩書きを使わないのは本当にもったいない。こんなに引きのあるワードもなかなかない。くだらない動画であればあるほど東大生という肩書きが面白くなるのに。「東大生が土を食ってみた」というのはどうだろう。彼の今後の動画で東大が強調され出したら、私が説得に成功したと思ってもらえればと思う。

インフルエンサーなど虚業だ。私は何の肩書きも持ち合わせていない。短大卒ですら擦り倒して名乗りまくっているのは、何か肩書きがほしいからではないだろうか。私と同じような動画を投稿している人達は、人気ＹｏｕＴｕｂｅｒとしてゲームのイベントや番組に呼ばれている。私に声がかかった試しはない。ＹｏｕＴｕｂｅｒがただでさえ虚業なのに、中でも私は選りすぐりの虚無だ。実体を持ちたい。美容院で職業を聞かれて、映像関係と誤魔化すのはもうやめたい。本当に短大の王になってしまおうか。短大の王ってなんだ。何をすればなれるのだろうか。

何の人なのか分からない、という状態は非常に理想的だ。その時点ですでに「テレビの人」なのである。私はＹｏｕＴｕｂｅの人になれているだろうか。いや、ＹｏｕＴｕｂｅの人になるしかないのだ。このほかに何も持っていないのだから。何を意気揚々とエッセイの人になろうとしているのか。動画投稿を頑張る以外に私の生きる道はない。まさかこんな人生になるとは思っていなかった。適当に就職して会社員でもやるんだろうと思っていた。しかし人生百年時代、まだ先は分からない。いつか未来で、何者かになれていれば嬉しいのだが。

なくしたものは

この間、家の鍵を紛失した。年末年始に実家に帰省した際のことだ。沖縄から飛行機で自宅に戻り、家の鍵を開けようというタイミングで気がついた。沖縄に落としてきたのだろう。やむなく母に電話を掛ける。受話器の向こうで怒鳴り声がした。私はなくそうと思ってなくしたわけではないのだ。そんなに怒らなくてもいいのに。大体、新年早々なぜそんなに大きな声を出せるのだろうか。うちの母はまだまだ長生きしそうである。

子どもの頃、ゲーム機をなくしたことがある。友達数人と遊んだ後、自分の荷物を確認したところ、ニンテンドーＤＳとソフトが消えていた。鈴木少年が手塩にかけて育てたフシギダネも、映画館でゲットしたデオキシスも消息不明だ。当然母は怒り狂い、もう二度とゲームは買ってやらんと宣言されてしまった。これより前にもゲームボーイアドバンス（ＧＢＡ）を紛失したこともあった。なぜ私のゲーム機はこうもなくなるのだろう。きちんと管理しているはずなのに。小学生にとってゲーム機は命の次に大切なものだ。そんなものがホイホイなくなるだろうか。これはどう考えてもおかしい。

数年後、中学生になった鈴木少年が同級生ら数人と遊んでいると、そのうちの一人が私の荷物を漁っているところを別の友人が目撃した。問い詰めると彼は私のゲーム機を自分のカバンにしまっていた。私が過去にＤＳやＧＢＡを紛失した時にも彼は一緒だった。思い出してみれば、彼とたまに遊ぶたびに、誰かの何かが紛失していた。とんでもない男だ。ロケット団そのものである。しかし、私の通っていた中学は治安が悪かったのに、なぜか私は漠然とどこか遠くに悪い人間が存在しているのだと考えていた。この時まで全くもって身近な人間に盗まれたという可能性を考えていなかったのだ。なんて純粋な中学生だったのだろうか。悲しいかな、このくらいの悪党なんて周りにウヨウヨいたのだ。窃盗、未成年飲酒、無免許運転。断っておくがこれは昭和の話ではない。私はまだ二十六だ。今からほんの十数年前の話なのだ。私が三年間通ったあれは中学校ではない。まるで刑務所である。中学というのはどこもこんなものなのだろうか。

少年がやがて大人になるにつれて、邪な心が道を踏み外そうと誘惑してくることもあった。環境が環境なだけに私も少しくらい悪いことをしてもいいのではないかと錯覚してしまうこともあったが、その度にあの時いなくなったフシギダネが私をじっと見つめてくるのだった。おかげで人を疑うことのないまっすぐな人間に育つことができた。人間の本質は善だ。私が大きく道を逸れることなく真っ当に生きて来られたのは、あの時盗まれたポケモンたちのおかげなのかもしれない。いや、大人になってもポケモン漬けの私はある意味で道を逸れているのではないだろうか。ゲームキューブを十六台並べてプレイすることは真っ当ではない。あの時のフシギダネが、私の道を捻じ曲げた。

それにしても私の家の鍵は一体、どこへ消えてしまったのだろうか。私のような人を疑うことを知らない、まっすぐな人間から盗みを働くとはとんでもない悪党がいたものだ。人類はみな心にフシギダネを飼え。

画面越しの距離感

ここ数年、小学生のなりたい職業ランキングにＹｏｕＴｕｂｅｒが入っている。ネットニュースで見た。小学生にとってそれだけ身近な職業なのだろう。私が子どもの頃、周りでは公務員が人気だった。「最近の子どもは夢がない」と言われたものだ。最近はＹｏｕＴｕｂｅｒか。夢があるな。これなら大人も文句はないだろう。

しかし、これを取り上げたネットニュースの記事には、ネガティブな反応が多かった。そのほとんどが日本の将来を憂いているおじさんおばさんのコメントだ。「小学生がＹｏｕＴｕｂｅｒに憧れるなんて、この国はおしまいだ」ということらしい。老害め。ニュースサイトにネガティブなコメントを残す大人ばかりになってしまった時こそが本当の終わりだ。気をつけたい。

ＹｏｕＴｕｂｅｒは小学生にとってなりたい職業なのか、なれそうな職業なのか。知り合いの同業者が以前、ＹｏｕＴｕｂｅｒというだけで周囲から軽んじて見られていると愚痴をこぼしていた。彼の気持ちはよく分かる。しかし、個人的にはこのくらいの方がちょうどいい気がしてならないのだ。舐められている方がやりやすい。変に憧れられて、持ち上げられてしまうと自分を見失いそうで怖い。太鼓持ちなどされたら私はすぐに天狗になるだろう。自分のことだからよく分かる。私はそういう人間なのである。中学の頃、全校生徒が受けるＩＱテストのような試験があった。試験の結果、私は担任の先生に呼び出され、大変誉められた。私はこの中学でもトップクラスにＩＱが高いというのだ。中学生がこんなことを言われたらどうなるかは想像に難くないだろう。私は簡単に図に乗り、それ以来勉強をしなくなった。私の最終学歴は短大である。

少し話は逸れるが、私は先輩の役割をするのが苦手だ。かといって後輩の動きが得意というわけでもないのだが、上の立場だと下手に発言できないのが困る。私は一生下っ端で、体制側の文句をぐちぐちと言っていたいのだ。下剋上というのはいい言葉だ。下の者はある程度荒っぽいことをしても許される風潮がある。これは非常に楽だ。

話を戻そう。昨今インフルエンサーがテレビや雑誌にも当たり前に進出しており、芸能人とさして変わらない扱いを受けている。大手ＹｏｕＴｕｂｅｒ事務所なんていうものもある。すごい時代だ。私が動画サイトを視聴し始めた頃には考えられなかった。みんな趣味で動画投稿や生配信をしていた時代だ。動画投稿者は身近な存在であり、画面越しの一方通行の友人のような感覚だった。いや、これは私が痛いヤツだっただけかもしれないが。

感覚としては今でも変わっていない。再生数や視聴者数が少なかった時代から知ってくれている視聴者は何となく古い友人のように思っているし、最近知ってくれた人にはもっと知ってもらいたいと思う。私が痛いヤツなだけである可能性もあるが。この愚本を手に取ってくれた読者のことは変人だと思っている。

これらが原因なのか、視聴者のことをファンと呼称するインフルエンサーが苦手だ。テレビや雑誌で活躍する芸能人達と違って、インフルエンサーのスタートは等しくネット動画や配信だろう。壁を作らないで、人気がなかった時代から地続きで距離感を保ち続けていてほしいと思ってしまうのである。私が好きだった頃の動画サイトがそうであったように。

何だこの老害丸出しの文章は。気がついたらお気持ち表明をしてしまっていた。やはり私は痛いヤツなのかもしれない。

俺は無欲

将来の展望をよく聞かれる。正直展望など見えない。私にはその類の野心や欲望がない。無欲だ。死ぬまで食えればそれでいい。ダラダラ続けていけばきっといいこともあるだろう。

実際、なぜか私は本を書いている。長く続けていてラッキーだった。私の動画を熱心に見てくれる人達が、これからどんどん力をつけ偉くなっていってくれれば、私も仕事を恵んでもらえるという寸法だ。この本が出版されているということは少なくとも、ＫＡＤＯＫＡＷＡに一人潜り込んでいる。これは非常に大きい。ぜひ偉くなっていってほしいものだ。

この調子で続々と大企業を味方につけていきたい。そうなれば怖いものなどない。今大手ＹｏｕＴｕｂｅｒ事務所がやっている仕事を全て、コネだけで奪い取りたい。

大手事務所に所属していると、名前を売るチャンスもその分多い。本当に羨ましい。私も名前を売りたい。児童向けの雑誌などに連載を持ちたい。子どもの頃好きだったものは、大人になってからもなかなか嫌いにはならないだろう。日本の子ども達に幼いうちから私の存在を刷り込み続けることが大切だ。視聴者を児童書の編集会社に潜り込ませて、私を学校教科書に登場させよう。この本を国語の教材として使うのも悪くないだろう。こんなに作者の気持ちが分かりやすい書籍もあるまい。義務教育にぴったりだ。小中学校の教材であれば買うのは国や地方自治体だ。私の払った税金で国が私の本を買う。その売り上げからまた税金を捻出する。最強の永久機関が完成しちまった。ノーベル賞は私のものだ。

以前、学校の授業で私の動画を見せたという教師から連絡が来たことがある。どういう流れでそうなったのかは知らないが、私からすればありがたい話だ。日本の学校教育にはすでに鈴木けんぞうが入り込んでいる。世も末だ。

私の視聴者層といえば、なぜか水商売のお姉さん方が多い。アダルトビデオの女優さんからメッセージが来た時は驚いた。すぐにフォローを返した。

風俗店のお姉さんから、お店に来ないかというような営業メールがよく届く。もしかすると水商売の世界で私はカモとして有名なのかもしれない。同じ店舗で働く三人の風俗嬢からそれぞれ連絡が来たこともある。店舗マニュアルに私の連絡先でも書いてあるのだろうか。お姉さん方に視聴されているというよりは、水商売の経営者に人気があるのかもしれない。それはそれでかなりありがたい。裏社会を掌握するチャンスだ。ハイになれる薬に私のトレーディングカードをつけて鈴木けんぞうドラッグとして売ろう。ヤクザ映画全てにクレジットしてもらうことにしよう。

勝手なイメージではあるが、水商売のお姉さん方は大企業の偉い人なんかを相手に商売する機会も多いのではないか。営業メールも結構だがぜひ私のことも売り込んでほしいものだ。言語習得の近道は、外国人に恋をすることだとよく言われている。その人と話したいという思いが自然と勉強への意欲につながるのだ。偉い人はお姉さん方との会話を弾ませたくて私の動画を漁るようになるというわけである。我ながらなんと賢いマーケティングだろうか。

このエッセイを書き始めるにあたってＹｏｕＴｕｂｅｒ本を何冊か読んだが、多くの人が大きな夢を掲げていた。私にはそんな元気はない。のんびり暮らしていけたらそれでいい。なんとなくダラダラして、それでいてチヤホヤされてお金を稼ぐのが理想的である。この本がなんの間違いか馬鹿売れして、テレビに引っ張りだこになれたらそれがいい。エッセイストの肩書きを手に入れて、自分の好きなポケモンや仮面ライダーの仕事をもらえるようになりたい。大きな家を建ててそこで暮らしたい。いい車を買って乗らずに眺めたい。家にシアタールームを作りたい。でかい庭で肉を焼きたい。流れに身を任せてなるべく頑張らずに生きていきたい。そして年金で得をしてから逝けたらいいいと思う。私は無欲だ。

おわりに

エッセイを一冊書き終えた！　編集者から連絡を受けたのは七月、とんとん拍子に話は進み、原稿の締め切りは十一月だった。わずか四ヶ月である。普段まともに活字を読まない私のようなズブの素人に、四ヶ月で八万字を書き上げろというのだ。いかれた計画だが、何も考えていない私はこんなものかと引き受けた。エッセイなんて普段起こったことや思ったことを適当に書き連ねれば良いのだと、愚か者のお手本のような発想でスケジュールを立てた。毎週四本のペースで書いていれば締め切りに間に合うという計算であった。まるで夏休みの小学生である。あの頃から全く成長していない。

始まってすぐに自分の浅はかさを呪うことになる。普段の私は引きこもってゲームをするだけの生活、何も起こるはずがないので、本に書くことなど特にないのだ。しかし引き受けてしまったからには仕方がない。だらだらと続けなんとかごまかし締め切りを引き延ばしながら書き続けたこの本も、ようやく終わりである。能天気にゲームをしているだけの男でも、やる気を出せばなんとかなるものだ。

最近ではＹｏｕＴｕｂｅｒのことを動画クリエイターと呼ぶらしい。ＹｏｕＴｕｂｅｒがテレビや企業ＣＭなど大きなメディアに露出するときには大体この肩書きがついている。もしかするとこの本の帯や広告でも、私は「人気動画クリエイター」みたいに紹介されているのかもしれない。

私が普段やっていることといえばゲーム実況。ゲームを遊んでいる映像に自分の声を乗せた動画を投稿している。これでクリエイターを名乗るのは烏滸《おこ》がましいのではないだろうか、という引け目を感じずにはいられないのだ。ということで今回こんな仕事をやらせてもらえたのは素直に嬉しかった。エッセイはまあ、クリエイトしたということでいいだろう。

私のような普段まともに読書すらしていない怠け者が、文章を書くのは本当に大変だった。気を抜くとすぐに他のＹｏｕＴｕｂｅｒへの妬み嫉《そね》みをつづってしまう。周りを見渡せば誰も彼も人気者、お金持ちばかりで嫌になる。見上げるのはもう飽きた。首が痛い。

この本の力で私も彼らのようにキラキラした生活を送ることは叶うのだろうか。子どもの頃は、本など出版している人は例外なくみんな大金持ちなのだと思っていた。

私の友人にも一人、本を出している奴がいるが、彼がいうには労力に見合わない報酬らしい。世知辛い。この本を読み終えて、読者は一体どんな感想を抱くのだろう。レビューなどを見るのが怖い。全然売れなかったらどうしよう。はっきり数字が出てしまうのは恐ろしい。いっそのこと出版せずこのままにしてしまおうか。

大人になると何にでも数字がついてまわる。再生数、高評価率、視聴率、売り上げ。自分の力をはっきりさせたくない。無限の可能性などという戯言に浸り続けていたい。最初にエッセイの話を引き受けた時には、ただ漠然とこの本が売れてちやほやされる未来しか想像しなかった。しかし現実には、そこに至るまで締め切りに追われ、ケツを叩かれながら走り続ける日々があるのだ。いや、苦労したからといってこの本が売れるとも限らない。しんどい世の中だ。

「好きなことで、生きていく」

これはＹｏｕＴｕｂｅｒがテレビＣＭで言っていた言葉である。ハッキリ言ってこんなものは嘘っぱちなのだ。好きなことをするためには好きじゃないこともしなければならないのだ。人生は地獄。社会はジャングル。あ～あ、さくらももこのエッセイ全部、俺が書いたことになればいいのに。

二〇二三年一月

鈴木けんぞう

鈴木けんぞう

（すずき・けんぞう）

1996年7月14日生まれ。ポケモン実況系YouTuber。自称「世界一クリーンな実況者」。2016年より活動開始、現在YouTubeチャンネル登録者は50万人を突破。（2023年1月時点）

できるだけがんばります。

2023年3月8日　初版発行

著　者　鈴木《すずき》けんぞう
発行者　山下直久
発　行　株式会社KADOKAWA
〒102-8177　東京都千代田区富士見2-13-3
電話　0570-002-301（ナビダイヤル）
印刷所　凸版印刷株式会社

- お問い合わせ

https://www.kadokawa.co.jp/（「お問い合わせ」へお進みください）
※内容によっては、お答えできない場合があります。
※サポートは日本国内のみとさせていただきます。
※Japanese text only

定価はカバーに表示してあります。

ISBN 978-4-04-606085-3 C0095